기획교양도서 환경·생태·웰빙

04

「한국 풍토건축의 멋」

이상정 지음

知&you

건축은 외부 환경의 변화로부터 인간의 생활을 보호하고 생활내용을 담는 공간을 제공하며 그 시대를 반영한다. 그러므로 생활의 주체인 사람과 환경과 시대의 변화에 따라 다양한 건축의 형태가 만들어진다. 즉, 사람, 공간, 시간은 건축을 결정짓는 주요소가 된다.

지역에 따른 고유한 건축형태는 가능한 한 외부세계의 유형에 영향을 받지 않고 손쉽게 구할 수 있는 그 지역의 재료와 기술이 사용된 소박한 건물에서 주로 발견할 수 있다. 이러한 건물들은 그 지역의 토양에 가장 잘 토착화되어 있는 풍토적인 건축이며, 이를 풍토건축 혹은 토속건축으로 부른다.

지역성이 잘 반영된 풍토건축은 환경 친화적이며 사용자가 물리적 환경변화에 쉽게 적응할 수 있도록 안락한 은신처로 만들어져 있다. 그러므로 기계적 설비 대신 한정된 건축재료와 경험적 기술에 의하여 기후 변화 등을 성공적으로 극복해야 했으며, 소수의 숙련공들이나 대다수의 지역주민들이 공동체적 체험에 의해 자연과 협동하여 자연의 일부로 제반 문제를 조절하였다. 공동체적 건축에서 얻어지는 교훈은 교육받지 않은 무명의 건축가들에 의해 자연의 특성을 최대한 고려하여 지역마다 특수한 자연환경에 조화되고 순응하는 토착성이 강한 건축물로 표현되고 있다는 점이다.

이 책에서는 보통 사람들이 오랜 세월 동안 자연스럽게 만들어 온 집에 대하여 기술 하였다. 문명의 발달과 의식의 변화로 인해, 생활을 하는데 조금은 비효율적이고 불편하기 때문에 우리 곁에서 사라져 가는 건축형태를 찾아, 자료를 정리하고 그 의미를 되찾아 보았다.

주요 내용은 제1장에서 지역성과 주거형태의 관계에 대하여 국내외의 사례를 들어 설명하였으며, 제2장에서는 한국의 풍토건축 유형에 대하여 주거건축을 중심으로 지역별 분류, 재료 및 형태에 의한 분류를 하였다. 제3장에서는 한국 풍토건축의 구성요소를 구조 및 재료, 공간, 형태를 기준으로 살펴보았으며, 제4장에서는 우리나라 남부해안지역을 중심으로 내륙지역, 해안지역, 도서지역으로 구분하여 농어촌주택의 사례조사를 토대로 지역별 주거건축의 특성을 통계적 방법에 의하여 상호 비교분석한 내용을 소개하였다.

우리나라의 자연환경 및 인위적 환경의 특성은 우리 고유의 지역성으로 전통건축에 반영되어 왔으며 한반도의 독특한 풍토적 여건에 맞는 건축형태를 형성하였다. 특히, 한국의 전통가옥인 한옥은 한국의 지역성에 의하여 오랜 세월동안 형성된 풍토건축으로서, 한국의 건축문화와 지역성이 가장 잘 반영된 건축형태이다. 그러므로 전통가옥에 내재되어 있는 지역별 고유한 특수성과 보편성 중에 우수하고 불변적인 요소는 계승되도록 하여 그 지역성에 적응하는 합리적인 주거건축계획으로 발전시켜야 할 필요성이 있다고 본다.

이 책에서 설명되고 분석된 자료는 아직 충분한 내용과 체계적인 정리를 충족시키기에는 다소 미흡하지만, 한국 풍토건축에 관한 실증적인 자료 보존에 큰 의미가 있을 것으로 본다. 또한 건축 관련 분야에 종사하고 있는 전문

가들이나 오랜 세월 동안 자연스럽게 형성된 풍토건축에 관심이 있는 일반인들에게도 유용하게 활용되길 바란다.

2011년 가을

저자 이상정

목 차

제3장 한국 풍토건축의 구성요소

제4장 한국남부해안지역의 주거건축 특성

知& you 기획교양도서
환경·생태·웰빙

제1장

지역성과 주거형태

지역성地域性은 인문·사회환경과 자연환경의 종합적인 특성에 의하여 형성되며, 지역적 특성은 풍토風土라는 의미로도 통용된다. 자연적으로 풍토가 다른 지역에 따라 생활방식과 생활문화가 다르게 나타난다. 특히 건축은 자연의 변화로부터 인간의 생활을 보호하고 생활내용을 담는 공간을 제공하므로 건축형태는 자연환경과 인위적 환경에 대응된 형태로 표현된다. 이러한 지역성에 의하여 형성되는 건축문화는 지역마다 독특한 건축형태로 그 지역의 토양에 가장 토착화되어 있는 고유한 건축문화 유산으로, 이를 풍토건축風土建築 혹은 토속건축土俗建築으로 부른다. 일반적으로 풍토건축의 특성을 가장 잘 표현하는 건축은 주거건축으로, 지역성과 주거건축의 관계를 국내외의 사례를 들어 특성을 분석하는 것은 풍토건축을 이해하는 지름길이다.

지역성

지역地域은 지방 또는 지구地區 등과 비슷한 의미로 사용되며 일정한 영역의 범위를 뜻한다. 또한 지역은 자연적 지역과 인문·사회적 지역으로 구분되며, 자연적 지역은 산맥이나 구릉丘陵·하천유역河川流域 등과 같은 자연환경에 의하여 구분하고, 인문·사회적 지역은 정치·행정적 영역이나 역사적 영역, 동일한 방언方言이나 민속, 경제지역 등에 의하여 구분한다. 이들 자연적 지역과 인문·사회적 지역의 양 현상이 완전하게 조화되어 지역적 유기체로서의 성격을 갖는 것이 지역의 완전한 의미로 해석된다. 그러므로 지역성地域性은 인문, 사회, 자연환경의 종합적인 특성에 의하여 형성되어진다고 볼 수 있다. 일반적으로 지역에 따른 특성이 구분되지만 지역의 범위가 확대 되면 될 수록 지역성의 구체적인 특성은 적어진다.

지역적 특성을 환경 혹은 풍토風土라는 의미로도 통용되며, 일반적으로 풍토라는 것은 토지와 기후의 상태를 의미한다. 풍토의 개념영역은 크게 2가지로 나누어서 생각할 수 있으며, 기후·기상·지형·지질·지기地氣·지력地力·토양·물·식생물植生物·동생물動生物 등을 포함하는 자연적自然的 풍토와 역사·사회·문화·예술·종교·경제 등을 포함하는 인문적人文的 풍토이다.

인문적 풍토는 자연적 풍토 이외의 시각에서 본 분야를 말하며, 자연적 풍토를 외면外面의 풍토라고 한다면 인문적 풍토는 내면內面의 풍토라고 할 수 있다. 인문적 풍토는 자연적 풍토에 비교해 볼 때 대단히 주관적이며 심미적審美的인 면이 강하다. 그러므로 풍토가 다른 지역에 따라 자연적으로 생활방식과 생활문화가 다르게 나타난다.

자연적 풍토에서 기후가 차지하는 비중은 매우 크며, 우리나라의 경우, 기후를 나타내는 기준으로 한 달에 5일을 1후候라 하고, 3후인 15일을 1기氣라 한다. 그리고 1년을 12절기節氣와 12중기中氣로 나누고 이를 보통 24절기節氣라고 하며, 한 달 중 월초月初에 해당하는 것을 절기節氣, 월중月中에 해당하는 것을 중기中氣라 한다.

24절기는 양력 1월에 소한小寒과 대한大寒, 2월에 입춘立春과 우수雨水, 3월에 경칩驚蟄과 춘분春分, 4월에 청명淸明과 곡우穀雨, 5월에 입하立夏와 소만小滿, 6월에 망종芒種과 하지夏至, 7월에 소서小暑와 대서大暑, 8월에 입추立秋와 처서處暑, 9월에 백로白鷺와 추분秋分, 10월에 한로寒露와 상강霜降, 11월에 입동立冬과 소설小雪, 12월에 대설大雪과 동지冬至 등 약 15일 간격으로 배분된다. 이와 같은 24절기는 계절의 변화에 따른 기후의 특성을 설명할 뿐만 아니라 절기에 따라 해야 하는 농사를 짓는 기준이 된다. 절기마다 변하는 자연현상과 동식물의 습성과 행태의 특성를 설명하고, 우리의 민족문화로 절기에 따라 행해지는 여러 가지 행사를 하는 세시풍속歲時風俗이 전해지고 있다.

지역과 관련된 내용으로 지역 내에는 각 지점을 표현하는 지명地名이 있으며, 자연발생적으로 사용한 옛 지명은 풍토적인 내용을 표현하는 경우가 많다. 예를 들면 일조日照가 풍부하여 양지바른 곳을 양지陽地마을, 따뜻한 지하수가 솟아나는 곳을 온천溫泉마을, 수원水源이 좋은 곳을 샘골井谷마을, 바람이 많이 부는 곳을 풍곡風谷마을로 부르는 것은 모두가 지명에서 풍토적인 특성을 표현하고 있는 것이다.

풍토건축

건축은 자연의 변화로부터 인간의 생활을 보호하고 생활내용을 담는 공간을 제공한다. 모든 공간은 위치하는 장소에 따라 각기 다른 형태를 가지며, 장소의 물리적 변화는 이에 적응하는 공간과 형태를 유도한다. 이와 같이 다양한 생활내용을 담는 건축공간과 장소에 적응하는 건축형태를 결정하는 요소는 지역특성으로서 자연환경의 특성에서 규정하는 자연적 요소와 인위적 환경의 특성에서 규정하는 인위적 요소로 크게 구분할 수 있다.

그러므로 건축은 자연환경과 인위적 환경에 대응된 형태로 표현되며, 그 시대와 지역에 따라 고유한 건축문화를 이루는 특성을 갖고 있다. 각 지역마다 다양하고 독특한 지역성은 풍토적인 건축형태에 반영되어 나타나고 있다. 지역에 따른 고유한 건축형태는 가능한 한 외부세계의 유형에 영향을 받지 않고 손쉽게 구할 수 있는 그 지역의 재료와 기술이 사용된 소박한 건물에서 주로 발견되어지며 이러한 건물들은 그 지역의 토양에 가장 토착화되어 있는 풍토적인 건축이며, 이를 풍토건축風土建築 혹은 토속건축土俗建築으로 부른다.

일반적으로 전통가옥의 주거형태는 지역성에 의하여 오랜 세월에 걸쳐 형성된 불변의 건축형태로 그 지역에서 반복되어 나타나는 풍토건축의 특성을 가장 잘 내포하고 있다. 그리고 산업화된 문명이기文明利器의 영향을 받지 않은 상태에서 가장 환경 친화적이고 경제적인 건축해법을 추구하고 있다.

지역적인 건축형태는 그 지역의 복합적인 환경에 의해 형성되었으므로 지역적 배경과 분리하여 생각할 수 없다. 지역의 고유한 물리적인 맥락에 있어서 적합한 건축형태는 풍토건축의 특성을 잘 나타낸다.

그러므로 토속적인 전통건축에는 오래전부터 저탄소 녹색성장을 추구하는 에너지절약형의 자연적인 해결방법이 내재되어 있으며, 냉난방 방식을 원칙적으로 액티브형의 인공적인 에너지와 기계의 힘으로 해결하는 것 보다는 건축적 해법인 패시브형의 시스템에 의하여 해결하고 있다.

인간이 만들어 온 여러 종류의 건축공간형태 가운데 기후, 지형, 지질 등의 자연적인 환경요인과 역사, 종교, 우주관, 경제, 산업, 생활, 풍습, 제도, 규범 등의 인위적인 환경요인들이 상호작용하여 오랜 세월을 거치면서 함축된 건축형태로 지역성이 가장 잘 표현된 풍토건축風土建築은 일반적으로 주거건축住居建築에서 잘 나타나고 있다.

따라서 한국의 전통가옥인 한옥은 한국의 지역성에 의하여 오랜 세월동안 형성된 주거건축의 형태로 한국의 건축문화와 지역성이 가장 잘 반영된 건축형태이다. 그러므로 지역별 고유한 특수성과 보편성에 의하여 만들어진 풍토건축의 주거형태인 전통가옥에 내재되어 있는 법칙성 가운데 우수하고 불변적인 요소는 계승되도록 하여 그 지역성에 적응하는 합리적인 주거건축계획으로 발전시켜야 할 필요성이 있다고 본다.

지역성이 강한 물리적 환경인자의 풍토적 요소가 변하지 않더라도 건축용재료와 구조, 공법 등의 기술개발에 의한 산업구조의 변화와 사회문화적인 환경요소가 변할 때 건축공간의 구성 및 형태는 새로운 유형으로 나타나게 된다. 그러므로 동일한 자연환경 조건하에서도 시대에 따라 내적으로 요구되는 생활상과 외적으로 제한을 받게 되는 사회문화적 환경과 기술개발에 의한 산업구조 등은 건축공간형태를 결정하는데 커다란 영향을 미치고 있다.

우리나라의 자연환경과 인위적 환경의 특성은 우리 고유의 지역성으로 오랫동안 전통건축에 반영되어 왔으며 한반도의 독특한 풍토적 여건에 맞는 건축형태를 형성하였다. 그러나 우리 주변에 쉽게 볼 수 있는 무질서하고 획일화된 건축형태는 산업사회의 사업성과 시장논리에 의한 고유한 건축문화와 지역성이 배제된 형태로 시각적 혼란을 일으키고 있다.

지역성에 의한 주거형태

지역성이 잘 반영된 풍토건축에는 기후의 변화를 극복할 수 있는 기계적 설비가 활용되지 못하므로 사용자가 물리적 환경의 변화에 쉽게 적응할 수 있는 안락한 은신처로 활용되어 질 수 있도록 만들어져야 한다. 한정된 건축재료와 기술에 의하여 성공적으로 해결되어져야 했으며, 소수의 숙련공들이나 대다수의 지역주민들의 공동체적 체험에 의하여 자연과 협동함으로써 자연의 일부로 제반 문제를 조절하였다.

버나드 루도프스키Bernard Rudofsky는 전통적인 건축의 계보에 속하지 않는 새로운 건축세계를 소개함으로써 일반적으로 편협된 건축예술의 개념에서 벗어나는 시도를 하였다. 새로운 건축세계란 일정한 명칭이 없는 시골풍의 자연발생적인 작가미상의 토착적인 건축으로 공동체적 건축을 강조하였다. 공동체적인 건축이란 "소수 지식인이나 전문가에 의해서가 아니라, 공통된 체험을 바탕으로 하여 공통된 문화유산을 가진 전구성원全構成員의 자연발생적이고 지속적인 활동에 의하여 생성된 공동체적 예술"이라고 피에트로 벨루스키Pietro Belluschi가 정의하였으며, 이와같은 공동체적 건축에서 추출되는 교훈은 우리에게 깊은 의미를 시사하고 있다. 즉 역사의 시·공간時·空間 속에 남아 있는 이들 교육받지 않은 무명의 건축가들에 의하여 만들어진 건축물은 그들의 심성과 체온을 느낄 수 있고, 자연을 정복하거나 파괴하지 않고 지역마다의 특수한 자연환경에 조화되고 순응하는 토착성이 강한 건축형태로 표현되는 공통성이 있다.

아모스 라포포트Amos Rapoport는 민속전통건축을 원시건축原始建築과 풍토건축으로 구별하였으며, 원시건축이란 인류학자들에 의하여 원시적이라고 정의된 사회에 의해 산출된 것을 말하고, 풍토건축은 산업화 전시대前時代의 토속적인 것과 근대近代의 토속적인 것을 내포하고 있다. 토속적인 건물이 건축되는 과정은 원시적인 건물에서 보다 더욱 개별적인 가변성과 분화가 있다. 이를테면 숙련공이 농부를 위한 집을 지을 때, 이 두 사람은 문제시되는 형태, 규모, 구조 및 재료, 가족의 요구사항 등 결정되어야 할 특별한 것들을 서로 잘 알고 있다. 그러므로 숙련공과 농부 둘 다 원하는 것이 일치하므로 사실상 한 사람이 진행하는 것처럼 조정되며, 지역에서 통용되고 적용되는 토속적인 건물의 건축과정으로 설명된다. 따라서 한 지역이나 사회집단에 공통적인 생활, 사고思考, 행동양식行動樣式과 마찬가지로 이에 대응되는 공통적인 건축형태의 발생은 어떤 소수의 특정인 보다는 다수의 문화와 생활이 표현된 이상적 건축이며, 그 지역사회의 고유한 민속과 전통과 삶이 투영된 문화적인 산물産物이라고 볼 수 있다.

자연환경의 변화는 지구상의 대기현상의 변화에 영향을 받고 있으며, 풍우한서風雨寒暑의 현상에 의한 기후적 환경은 기온, 습도, 바람, 비, 복사와 빛 등의 기후적 변수의 값과 이들의 조합에 따라 다양하게 변화한다. 이와 같은 기후적 변수의 조합에 의한 기후적 특징과 요구되는 건축공간의 환경 조절내용은 다음과 같다.

고온건조高溫乾燥한 더위暑

고온건조高溫乾燥한 기후로 인하여 덥고 건조한 지역을 형성하므로 이 지역은 낮 동안 높은 온도로 복사열이 많고 밤에는 쾌적하지 못한 낮은 온도로 일교차日較差가 큰 기후적 특징을 나타낸다. 그러므로 낮에는 높은 열을 흡수하고 밤에는 열을 재복사 하는 열용량이 큰 재료와 구조가 필요하다. 햇볕에 말린 벽돌, 진흙, 석재 그리고 이들의 다양한 결합에 의한 풍토적 재료를 사용하며 구조적으로는 건물의 볼륨을 크게 하고 태양에 노출되는 면적을 최소화시킨다. 즉 최소의 표면적에 최대의 용적을 갖는 형태로 해야 한다. 또한 상호 밀집된 조밀한 배치로 서로 그늘을 만들어 주고, 외벽면은 복사열을 최대한으로 반사하는 흰색이나 밝은 색으로 칠하는 것이 유리하다.

그림 1-1 고온건조한 기후에서 건물배치계획요소의 도식[1]

이란의 주택을 실례로 보면, 두터운 진흙벽과 다져진 진흙지붕으로 작고 깊은 개구부를 최소한의 수로 둠으로서 강열한 직접일사가 실내로 들어오는 것을 차단하고, 창문을 높게 위치시켜 지표로부터 복사열을 감소시킨다. 열熱의 사용은 2개의 부엌을 두어 하나는 겨울에 실내에서 사용하고, 다른 하나는 여름에 옥외에서 사용한다. 고온건조한 더위를 극복하는데 매우 유용한 것으로 중정中庭을 들 수 있으며, 이것은 사회적, 심리적인 관련만큼이나 기후적인 관련을 갖고 있다. 건조한 사막지역에서 모래폭풍으로부터 보호해주는 역할을 하며, 중정 내에 나무를 심고 수공간水空間을 두는 것은 심리적으로 더위를 덜어주고 시원하게 하는데 효과적이며 실제적으로 지표의 온도와 복사열을 내리게 하고 수분을 증발시켜 미기후微氣候를 조절하고 옥외생활의 영역을 제공하는데 도움을 준다.

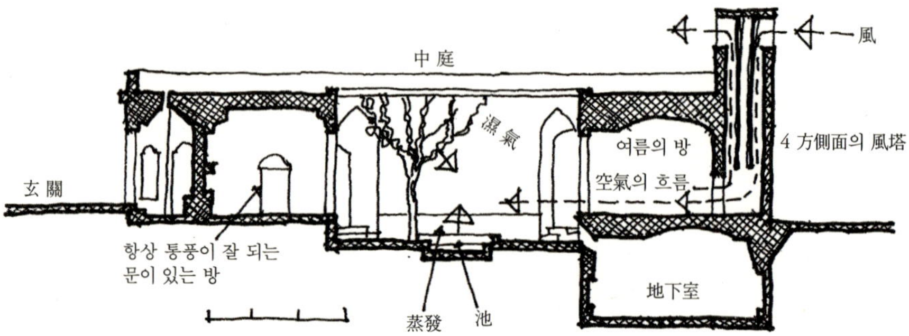

그림 1-2 풍탑을 이용한 자연통풍 시스템2

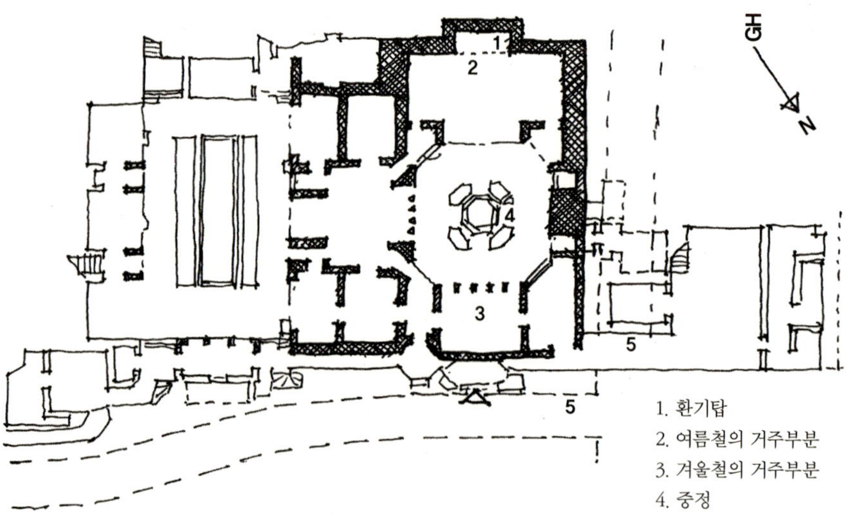

1. 환기탑
2. 여름철의 거주부분
3. 겨울철의 거주부분
4. 중정
5. 거리

그림 1-3 귀족의 주택(Yazd, Iran)3

위도가 낮은 지역의 고온건조한 기후에서 시원하게 하는 방법으로 모로코에서처럼 인접한 도로와 건물 상호간에 그늘을 만들어 주기 위하여 건물들을 매우 가깝게 인접하여 배치되므로 좁은 골목과 밀접된 주거형태가 형성된다.

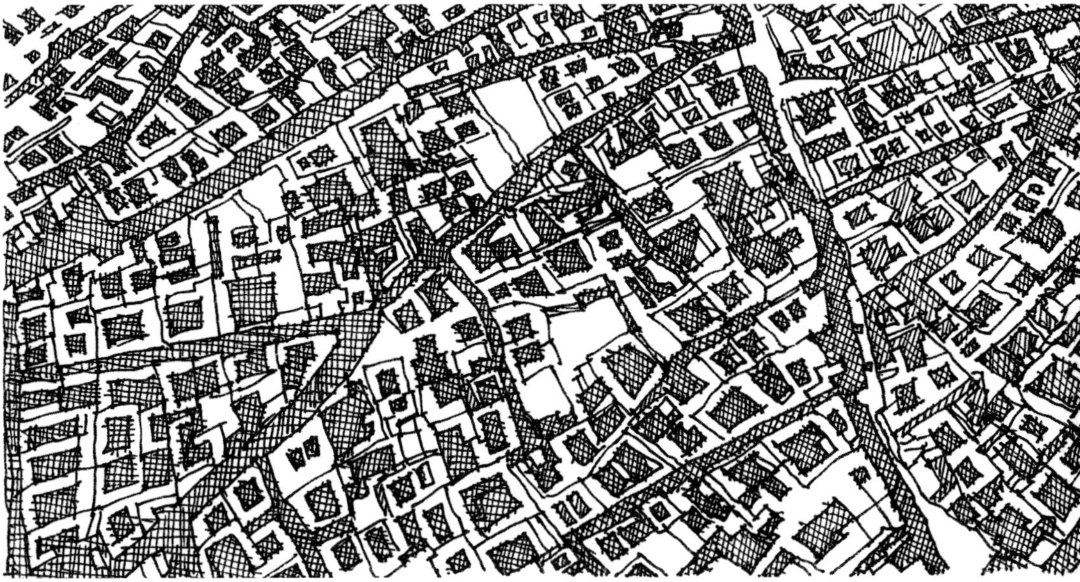

그림 1-4 고온건조한 지역에서 상호 밀집된 배치4

고온건조한 기후를 갖고 있는 이란의 풍토건축의 특징으로 도시전체가 압축되고 밀집되어 있으며 집들이 서로 매우 밀착되어 집들 사이의 경계를 분간할 수 없을 정도로 벽면이 둘러싸여 있다. 옥상의 난간을 높게 하여 옥상을 그늘지게 할 뿐만 아니라 집들 사이의 골목길을 더욱 깊게 함으로써 집과 길을 그늘지게 한다. 이와 같이 밀집된 구조는 뜨거운 복사열이 투과하는 것을 방지하며, 진흙으로 된 두꺼운 벽과 지붕은 외부의 열로부터 내부를 보호해 주는 것이다.

그림 1-5 풍탑과 진흙 buttress에 의해 그늘을 만들어주는 좁은 가로(街路), 이란5

그림 1-6 Yazd의 밀집된 구조, 좁은 거리, 깊은 중정, 여름철 오후의 햇빛을 등지고 있는 주택들6

중국의 황하강黃河江 유역에 야오똥窰洞식 주거건축은 황토고원농촌黃土高原農村의 건축형식으로 하남성河南省, 협서성狹西省, 산서성山西省 등에 분포되어 있다. 황토고원은 평균 해발고도가 약 1200m, 면적은 약 60만㎢, 황토층의 두께는 지역에 따라 다르지만 50~60m에서 수백m에 달하는 지역도 있다. 북위 35°~40°에 위치하며 쾨펜의 기후구분에 의하면 스텝기후Steppen Klimate ; BS에 속하고, 여름의 무역풍은 매우 건조하고 비가 적으며, 겨울에는 몽고에서 차가운 북풍이 불어오기 때문에 상당히 춥다. 여름의 낮 평균기온은 30℃를 넘고 겨울의 낮 평균기온은 영하이며, 연간 강우량은 400~500㎜ 정도이다. 그리고 7, 8월의 강우량은 100㎜ 전후로 연간 강우량의 절반이 여름에 내린다.

이러한 풍토에 적응되는 건축형태로서 야오똥식 주거는 기본적인 기후 조절방법으로 여름에는 시원하고 겨울에는 따뜻한 지하공간을 이용하고 있으며 산현식山懸式과 하침식下沈式으로 크게 구분하며, 산현식山懸式의 경우는 입지조건으로 절벽면의 남쪽 혹은 남동쪽으로 향해 있는 것이 바람직하며 파낸 흙을 이용하여 야오똥 전면前面의 평탄한 대지에 건물이나 벽체로 둘러싼 위엔즈院子라고 부르는 중정을 만드는 혼합형식混合形式도 있다.

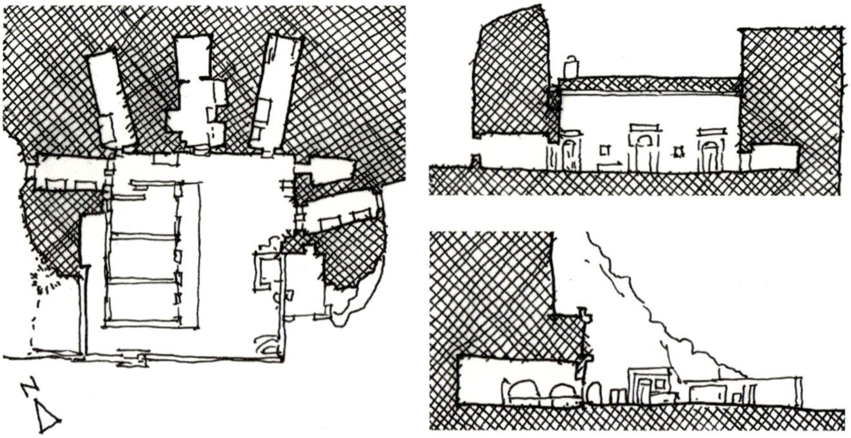

그림 1-7 산현식(山懸式) 야오똥(窰洞)의 예

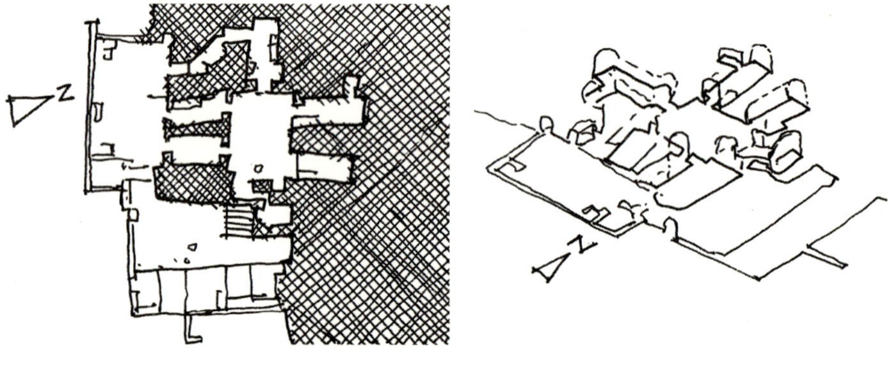

그림 1-8 하침식(下沈式)과 산현식(山懸式)의 혼합형식(混合形式) 야오똥(窰洞)의 예[7]

하침식下沈式 야오똥은 평탄한 대지大地에 한 변이 10m 전후의 구형矩形으로 깊이 6m 정도의 수혈竪穴을 파고 벽면을 인공적으로 형성하여 각각의 벽면에 야오똥을 파낸 것이다. 네 개의 벽면에 둘러싸인 공간은 정원井院, 천정天井, 위엔즈院子 등으로 부르며, 중국의 전통적 주거형식인 사합원四合院의 중정中庭 부분部分에 대응하고 있다.

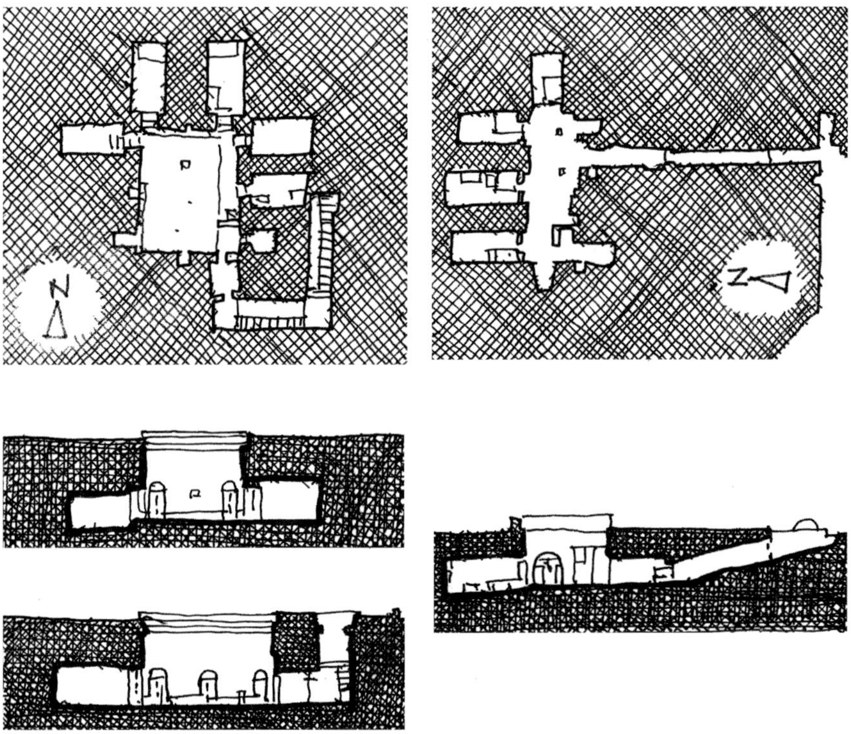

그림 1-9 하침식(下沈式) 야오똥(窰洞)의 예[8]

고온다습高溫多濕한 더위暑

고온다습한 지역에서는 매우 많은 강우량, 높은 습도, 심한 복사열 등이 기후적 특징으로 설명된다. 이에 대한 조절방법으로 최대한의 그늘과 최소한의 열용량이 요구되어 진다. 그러므로 고온건조한 더위에 정반대되는 현상으로 최대한의 가로통풍cross ventilation이 이루어질 수 있도록 개방되고 낮은 열용량을 가진 재료와 구조로 최소한의 벽들을 지닌 길고 좁은 기하학적인 형태와 건물상호간에 충분한 거리를 둔 건축공간의 배치형태가 요구된다.

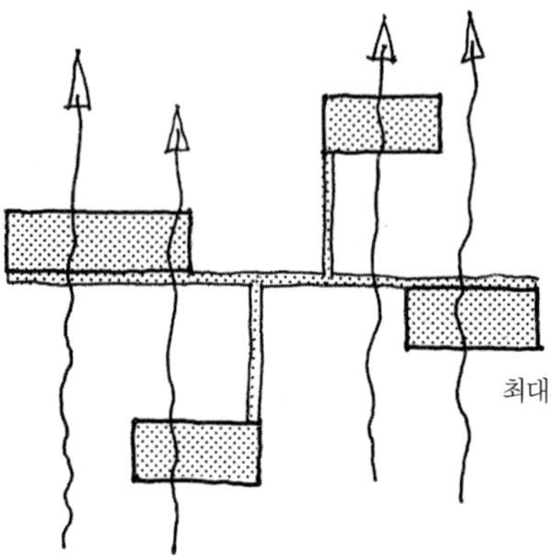

그림 1-10 고온다습한 기후에서 건물배치계획요소의 도식9

개방에 대한 요구는 특히 음향에 관한 독립성의 문제를 일으키지만 싱가포르에서처럼 개방이 필수적인 문화를 가진 지역에서는 매우 높은 소음에도 가끔 관용적이며 다소 작은 소음도 받아 들여지고 있다. 통풍과 개방성을 충족시키는 한 방법으로 말레이에서처럼 고상주택高床住宅이 세워지며 쪼개진 대나무로 만든 마루구조를 사용함으로써 마루 밑으로 공기가 흐르도록 하였다. 마루의 높이는 종교적인 이유뿐만 아니라, 미풍微風에 대한 통풍효과, 홍수로부터 안전, 곤충과 동물에 대한 방어 등을 위하여 높게 하고 있다. 고상구조는 홍수의 범람이 심한 해안의 습지에서는 이상적인 주거형태로 매년 반복되는 홍수에도 최악의 수해를 피할 수 있는 구조로 지역적 특성을 나타내고 있다.

그림 1-11 고온다습한 지역의 고상구조(高床構造)10

고온다습한 지역에서 지붕은 가장 지배적인 건축요소로서 폭우에 적응할 수 있도록 급경사져야 하며, 태양의 복사열이 건물내부로 전도傳導되지 않는 구조로서 거대하고 방수적인 우산과 같은 역할을 해야 한다.

추위寒

영하의 온도가 계속되는 한대지역寒帶地域에서는 실내의 온도를 따뜻하게 유지시키는 원리로서 건조한 더위에 대한 원칙과 밀접한 관계를 가진다. 즉 열의 흐름을 막기 위한 방법이 서로 반대방향으로 이루어지며 추운 지역에서는 실내의 열손실을 최대한 막을 수 있는 재료와 구조가 강구된다. 혹독한 추위와 강풍에 대하여 요구되는 조절방법으로 외부에 노출되는 표면적의 최소화, 단열성이 높은 재료의 사용, 틈사이로 들어오는 바람과 실내 더운 공기의 유출억제에 의한 열손실의 방지, 가능한 한 많은 양의 태양복사열의 실내흡입, 외풍으로부터 보호 등이 고려되어져야 한다. 이러한 문제들을 해결하려는 시도로서 검은 색의 사용, 조밀한 평면의 집단화, 지하 혹은 반지하식 주거의 형태를 볼 수 있다.

추운 지역의 대표적인 주거형태의 하나로 에스키모인들의 얼음집igloo을 들 수 있다. 얼음집은 바람에 대한 최소한의 저항과 최소한의 표면적으로 최대의 내부공간용적을 제공해준다. 더운 공기는 위로 올라가기 때문에 건물 내에서 보다 높은 곳은 더 낮은 곳보다 항상 더 따뜻하다. 이러한 현상은 이글루에서 잘 설명이 된다. 즉 입구의 바닥높이를 가장 낮게 하여 찬 공기를 가라앉게 하고 거실의 바닥높이를 가장 높게 하여 따뜻한 공기가 상승하여 모이도록 하였다. 또한 입구에서 거실사이의 통로를 굴곡지게 하므로 바람에 대하여 효과적인 완충작용을 할 수 있게 한다.

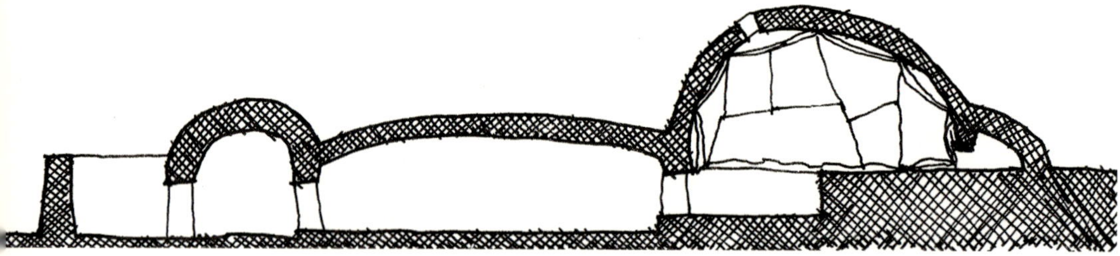

그림 1-12 이글루의 단면11

시베리아의 야쿠트족族은 추위에 대한 해결책으로 목재를 놓고 그 위에 두꺼운 층의 흙과 잔디로 덮여진 목재 골조구조를 사용하며, 에이레의 석조주택石造住宅은 지면地面에 낮게 달라붙게 함으로써 역시 춥고 바람이 심한 지역에서의 기후적인 요구들에 대한 좋은 해결방안으로 사용하고 있다.

스위스의 농부들은 가축을 집안에서 사육함으로써 춥고 눈이 오는 날씨에도 밖으로 나가지 않고 가축들을 돌볼 수 있을 뿐만 아니라 부가적인 열을 얻을 수 있는 장점을 가지고 있다. 이러한 현상은 우리나라에서도 쉽게 발견되는 현상으로 심한 추위와 눈이 많이 오는 태백산맥의 북부지방, 강원도 지방, 함경도 지방의 겹집은 방, 부엌, 마굿간을 한 건물 내에 서로 통할 수 있도록 동일한 공간 내에 배치하고 있는 것이다.

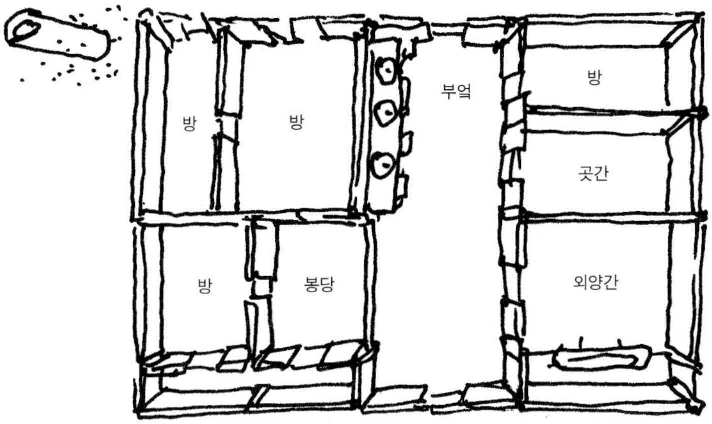

대·소청도-자집평면도

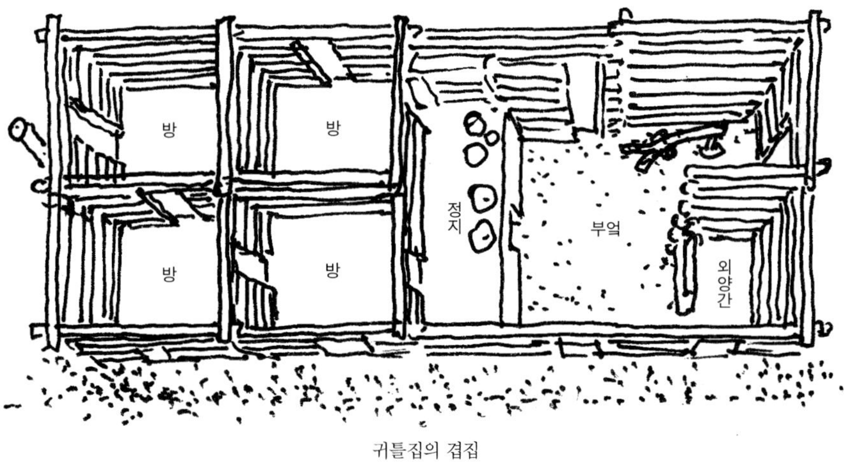

귀틀집의 겹집

그림 1-13 겹집구조[12]

바람風

바람 역시 온도와 관련되며, 바람에 대한 쾌적성 여부는 바람을 조장시키느냐 혹은 막느냐에 달려 있다. 쾌적환경의 조건을 표시하는 방법으로서 환경공기의 쾌적조건을 인체자신의 주관적 감각에 의하여 구하고 그 결과를 하나의 크기scale 혹은 지표index로 표시하는 실감온도(ET : effective temperature : 유효온도, 감각온도)와 등감지표(EW : a scale of equivalent warmth : 등감시도)가 있다. 유효온도有效溫度는 온도, 습도, 기류의 3요소의 조합으로 표시하고, 등감시도等感示度는 기온, 습도, 기류, 복사의 4요소의 조합으로 표시되는 것과 같이 환경에 대한 쾌적감은 기후요소의 조합상태에 따라 달라지며 동일한 조건이라도 개인의 차이, 연령, 성별, 인종별로 기후순화氣候馴化에도 영향이 있다.

추운 경우나 매우 건조한 경우에 바람은 일반적으로 바람직하지 못하지만, 습한 경우에는 쾌적감을 위해서는 바람이 필수적인 요소이다. 그러므로 바람에 대한 조절방법은 습하고 복사열이 심한 지역에서는 바람을 어떻게 조장시키느냐에 있고, 바람이 많은 지역이나 추운 지역에서는 바람을 어떻게 막느냐에 있다.

그림 1-14 같은 방향으로 면한 풍탑, 이란(좌: 앞 풍경, 우: 뒷 풍경)13

방풍시설windbreak, shelterbelt에 대한 예로 에스키모인의 반구형半球形의 얼음집Igloo과 몽고인의 이동식 원형 텐트Yurt를 들 수 있다. 높은 언덕 밑 해변에 있는 이글루의 입지선정과 이글루의 굴곡진 터널형의 통로는 겨울의 혹독한 바람을 막는 조절형태로 다양하게 표현되고 있다.

추운 기후에서 방풍시설은 건물주변의 바람의 흐름을 약화시켜 건물 내의 열손실을 감소시키는 역할을 함으로써 찬바람으로부터 건물과 외부공간을 다 같이 보호될 수 있도록 한다. 일본 서부지방 시마네현의 평야에 위치한 농가들은 주풍향主風向의 방향에 L자형의 방풍림防風林을 일정한 방향으로 조성하여 주거단지의 풍경에 독특한 형태를 만들고 있다.

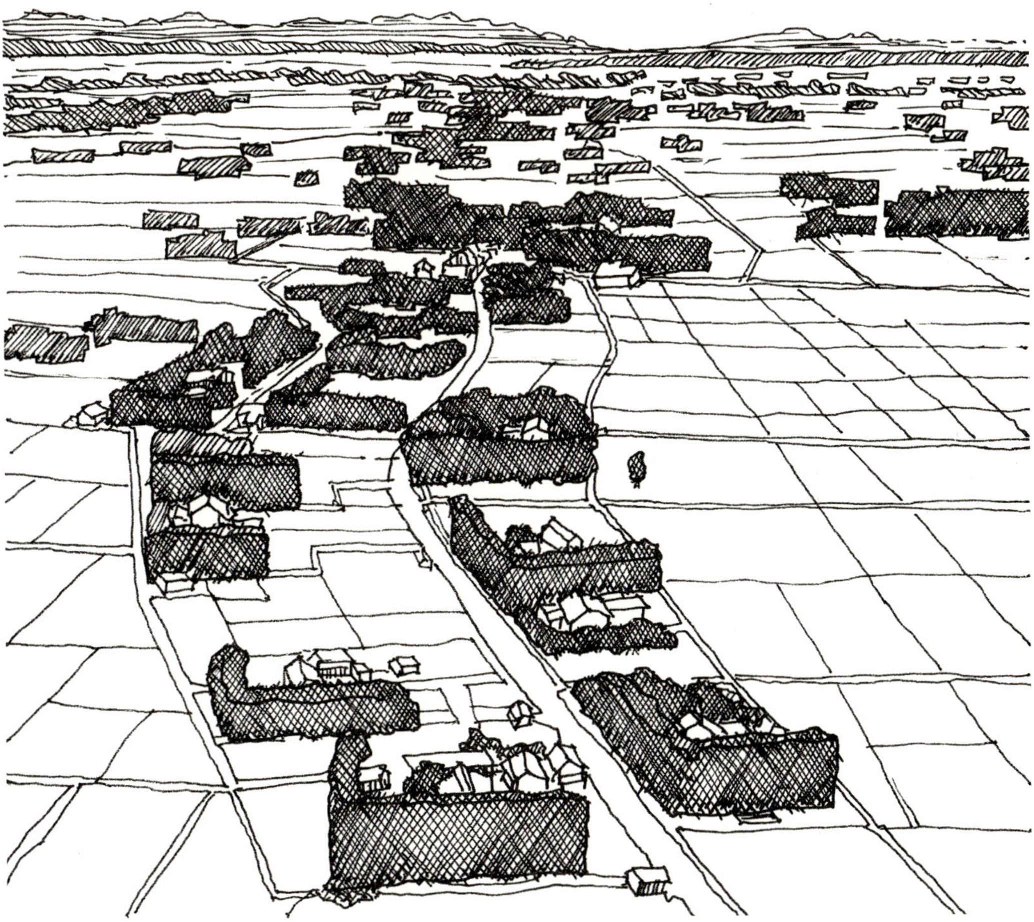

그림 1-15 방풍림의 풍경, 일본14

비雨

다른 기후요소와 마찬가지로 비도 주택의 구조에 영향을 미치는 중요한 요소 중의 하나이다. 강우량의 정도는 지붕재료와 마찬가지로 지붕물매에 영향을 준다. 덥고 습한 지역에서는 비가 오는 동안 통풍을 위하여 창문을 열어 놓을 수 있도록 넓고 깊은 처마와 베란다를 필수적으로 설치하여야 하며, 강우량이 많을수록 지붕물매가 급해지고 있다. 이러한 현상은 주요한 기후적 형태조절요소로 지역성 표현에 특징을 이룬다.

카리브Caribeau해의 섬들이나 이태리의 트룰리Trulli에서 처럼 수조水漕를 사용하는 건조한 지역에서는 비를 받거나 받은 빗물이 증발하지 않도록 하는 것이 중요하다. 건조한 지역에서의 수조는 집안을 서늘하게 해주고 습도를 높여 주는데 효과적이다.

복사輻射와 빛

일반적으로 덥고 건조한 지역에서는 복사와 빛은 바람직하지 않으므로 이들을 막는데 다양한 방법을 사용하고, 반대로 추운지역에서는 특히 겨울에는 될수록 많은 복사와 빛을 실내로 받아들이도록 한다.

비가 많은 지역에 사용되고 있는 넓은 베란다와 깊은 처마는 역시 태양고도가 높은 여름의 복사를 피하고, 겨울에는 태양고도가 낮은 적외선의 따뜻한 빛이 들어오도록 한다.

덥고 건조한 지역에서는 개구부의 위치를 지면에서 높게 하거나, 또는 아케이드arcades를 주택의 둘레에 두어 그늘이 생기게 함으로써 대지의 복사를 피하고 있으며, 이러한 방식은 지역성 표현의 중요한 구성요소가 된다. 또한 낙엽수를 심어 여름에는 잎들에 의해 햇빛을 차단하고, 겨울에는 잎이 없으므로 햇빛을 실내로 받아들인다. 나무에 의한 수분의 발산, 증발, 그늘로써 기후를 조절하며, 여름에는 시원하게 해주고 겨울에는 따뜻하게 해준다.

습한 열대지역에서 현휘현상을 막는 예로서 말레이의 대나무로 엮어 만든 벽을 예로 들 수 있다. 어떠한 창문도 할 수 없는 방법으로 완벽하게 현휘현상을 막아주며, 매우 정교하게 엮은 대나무벽을 통하여 충분한 양질의 빛을 들어오게 한다. 또한 남의 눈에 띄지 않고 안에서 밖을 내다 볼 수 있도록 프라이버시를 주는 동시에 통풍을 좋게 하고 있다. 그리고 낮고 깊은 처마와 넓은 베란다로 구성된 주택은 가로통풍cross ventilation을 좋게 하여 직사광선과 비뿐만 아니라 하늘의 현휘현상까지도 보호해 주며 흰색의 천정은 빛을 골고루 분배하여 주는데 매우 효과적이다.

이와 같이 주거형태에 영향을 미치는 주요한 요소로 기후적 특성에 따른 조절방법에 의하여 지역별로 다양하고 적절한 건축형태가 발생하였으며 이와 같은 유형의 풍토건축은 자연의 변화에 대한 공통된 원리와 법칙성에 따르고 있음을 알 수 있다.

지역의 건축용 재료

근대 산업화가 되기 이전의 건축기술과 사용재료는 지역의 한계를 벗어나기가 힘들었으므로 자연적으로 생활공간 주변에서 쉽게 구할 수 있는 건축재료를 이용하게 되고, 이러한 건축형태가 지역성을 대표하는 건축이 된다.

1995년 세계문화유산으로 등재된 일본의 시라가와고白川郷는 자연보존형 전통마을로 기후현과 도마야현에 걸쳐있는 산간지역의 폭설지대에 위치하고, 이러한 기후 풍토 때문에 갓쇼즈쿠리合掌造り라는 독특한 건축양식의 주택이 생겼다. 일조량이 절대적으로 부족하여 벼농사는 불가능하여 양잠을 주생업으로 하였다.

볏집을 구할 수 없으므로 지붕재료로 억새풀을 사용하였으며, 지붕이엉을 교체 할 때에는 오랜 시간에 걸쳐 많은 일손이 필요하므로 상호협동 공동체에 의하여 이루어졌다.

밀봉과 양잠이 발달한 가내수공업이 주요 생업형태로 갓쇼즈쿠리合掌造り는

대형화, 다층화(3층) 되었으며, 1층은 주거생활공간이고 2층이상은 누에를 키워 양잠을 하는 공간으로 주로 사용되었다.

시라가와고白川郷의 갓쇼즈쿠리合掌造り 지붕의 배치는 첫째, 지붕이 골고루 햇빛을 받아 겨울에 융설과 초가지붕의 건조를 촉진시키기 위해서, 둘째, 취락은 남북으로 좁고 긴 협곡에 있어 각각의 방향으로부터 강한 바람이 불어, 바람을 받을 면적을 적게 하기 위해서, 셋째, 여름철에는 반대로 다락방의 창을 개방하여 남북으로 바람을 빠져나가게 함으로 여름 누에가 더위로 인한 피해를 방지하기 위해서, 라는 3가지 효과를 고려하였다.

그림 1-16 갓쇼즈쿠리(合掌造り)주택 지붕이엉교체 작업광경, 시라가와고(白川郷)

그림 1-17 갓쇼즈쿠리(合掌造り)주택, 시라가와고(白川郷), (상)
그림 1-18 시라가와고(白川郷) 풍경(하)

제2장

한국 풍토건축의 유형

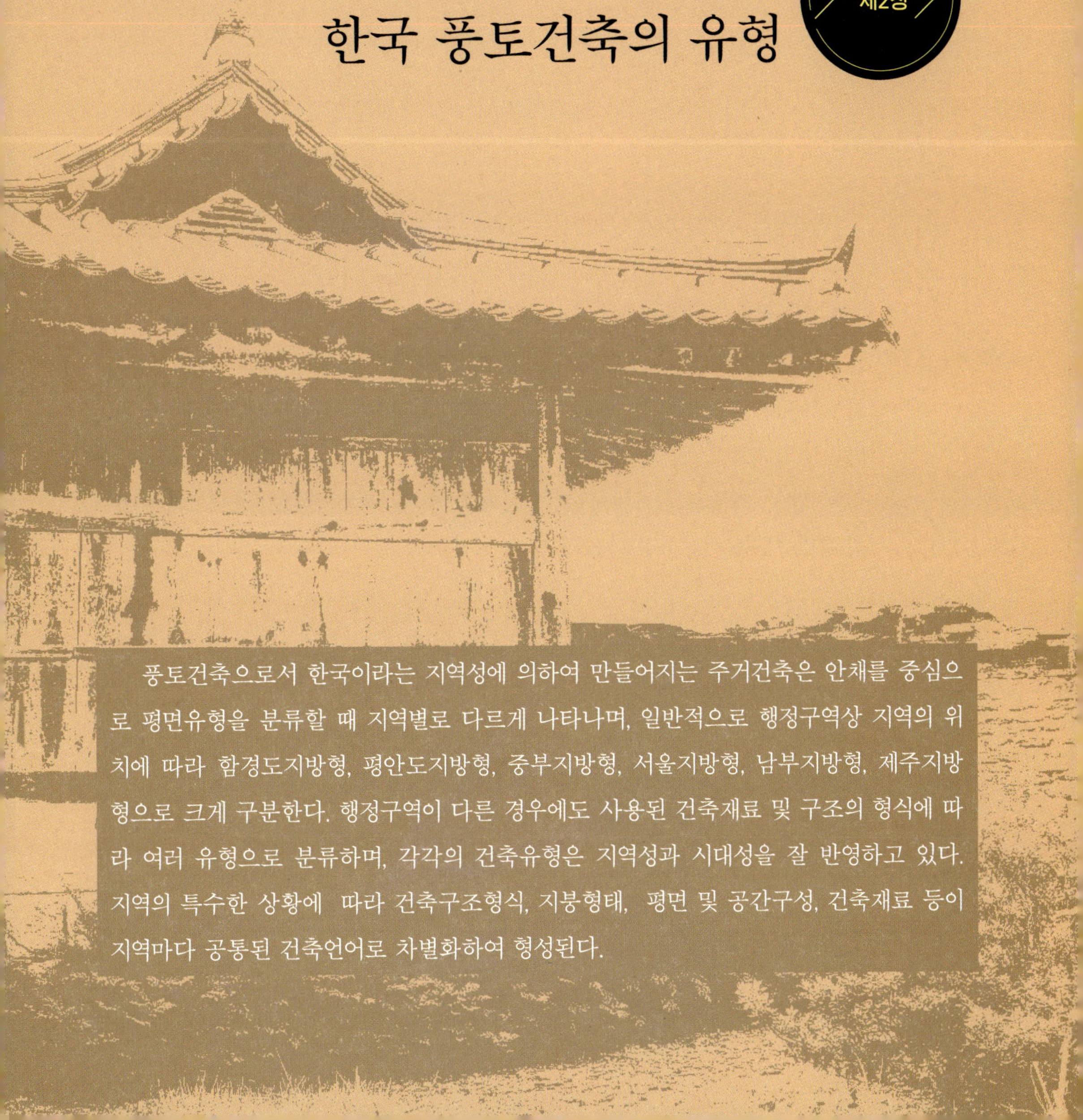

풍토건축으로서 한국이라는 지역성에 의하여 만들어지는 주거건축은 안채를 중심으로 평면유형을 분류할 때 지역별로 다르게 나타나며, 일반적으로 행정구역상 지역의 위치에 따라 함경도지방형, 평안도지방형, 중부지방형, 서울지방형, 남부지방형, 제주지방형으로 크게 구분한다. 행정구역이 다른 경우에도 사용된 건축재료 및 구조의 형식에 따라 여러 유형으로 분류하며, 각각의 건축유형은 지역성과 시대성을 잘 반영하고 있다. 지역의 특수한 상황에 따라 건축구조형식, 지붕형태, 평면 및 공간구성, 건축재료 등이 지역마다 공통된 건축언어로 차별화하여 형성된다.

지역적 분류

지역성이 두드러지게 나타나는 건축의 유형은 원시적이고 토속적인 건축형태로 풍토건축(風土建築, vernacular architecture)을 예로 들 수 있으며, 풍토건축의 전형적인 예는 주거형태에서 찾아 볼 수 있다.

주거건축에 대한 풍토건축의 지역적인 분류는 지역성에 의하여 주거평면의 특징이 다르게 나타나고 있다. 지역을 지형조건에 따라 평야지역, 산간지역, 해안지역 등으로 구분하기도 하지만, 지역의 위치에 따라 함경도, 평안도, 중부, 서울, 남부, 제주도 등으로 크게 구분하고 주거건축의 안채를 중심으로 지방별 평면유형을 비교하면 다음과 같다.

함경도지방형

함경도를 중심으로 강원도 고산지대에 걸쳐 분포되어 있으며, 겹집구조인 전자형田字形 평면으로 부엌과 방 사이에 벽체가 없이 온돌로 된 정주간을 두고 정주간에 접하여 방 4칸이 田자형으로 배치되어 있다. 이러한 평면형태는 겨울철의 혹독한 추위를 대비한 공간구성으로 볼 수 있다. 부엌 아궁이는 방의 난방을 위하여 사용하고 취사 및 조리작업은 온돌바닥으로 된 정주간에서 이루어진다. 4개의 방이 서로 벽을 공유하면서 붙어 있는 것은 열손실을 최대한 줄이고 외벽면을 최소화하기 위한 방안으로 나타났다. 또한 가축을 집안에서 사육하는 스위스의 농가와 같이 정주간과 외양간을 같은 공간에 두어 취사 때 나오는 열과 소죽을 끓일 때 나오는 열을 공유하므로 소에게도 따뜻한 실내기온을 유지하기 위하여 매우 효과적인 해결 방법이 된다.

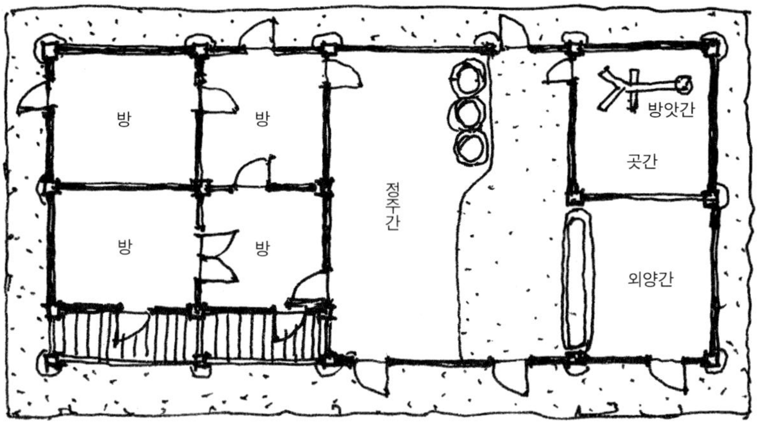

그림 2-1 함경도지방형

평안도지방형

평안도와 황해도 북부지방에 많이 분포되어 있으며, 一자형一字形 평면으로 [부엌+방+방]으로 구성되어 있다. 이러한 3칸 집은 함경도와 제주도를 제외한 전국 대부분의 지역에서 볼 수 있으며, 남부지방에 일반적으로 나타나는 평면구성[부엌+방+대청+방]에서 북부지방의 기후의 영향으로 두 방 사이에 대청大廳이 없다는 것이 우리나라 북부지방의 특징이다.

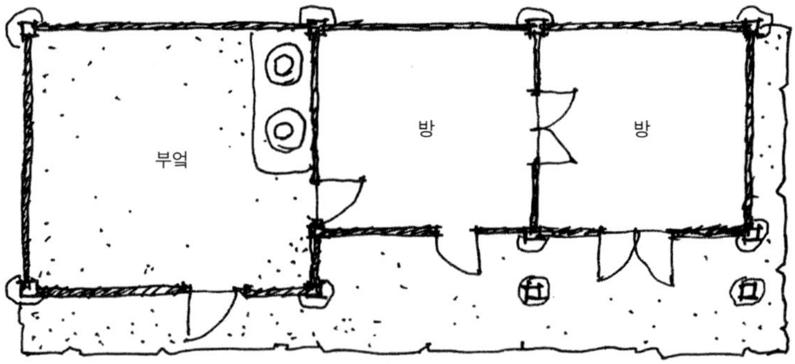

그림 2-2 평안도지방형

중부지방형

황해도의 남부지방과 경기도, 충청도 일부지역에 분포되어 있으며, 평안도 지방형에 대청과 방이 ㄱ자형으로 붙어 있다. 서울지방형과 유사하나 부엌과 대청의 위치가 서로 다른 것이 특징이다.

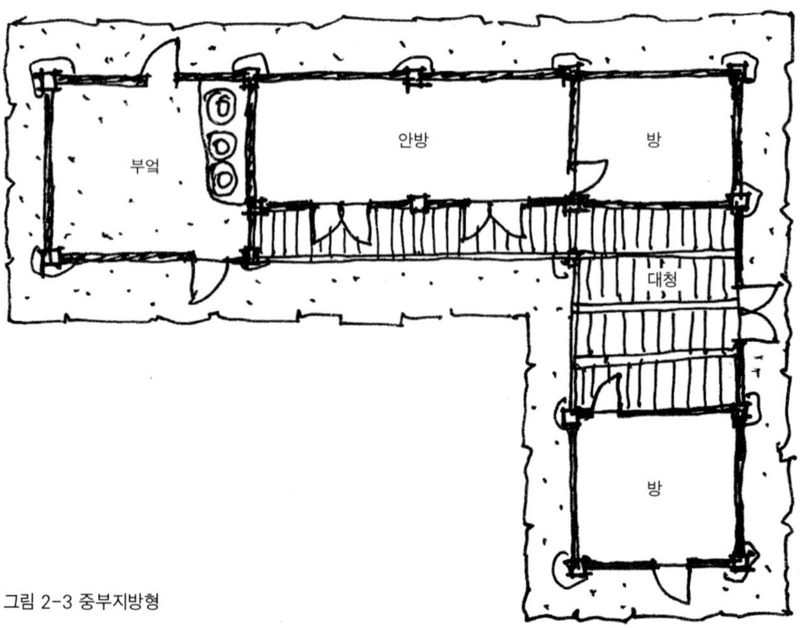

그림 2-3 중부지방형

서울지방형

서울은 조선시대 이후 우리나라의 중심도시로서 다른 지역에 미친 영향은 매우 크며, 평면형태는 중부지방형과 같이 ㄱ자형으로 유사하나 부엌과 대청의 위치가 서로 다른 것이 특징이다. 도시주택의 특성으로 나타나는 협소하고 제한된 토지구획에 대지경계를 따라 대문채, 안채, 부속건물들이 하나의 건물로 연결되어 ㅁ자형으로 배치되어 있는 것이 일반적인 형태이다.

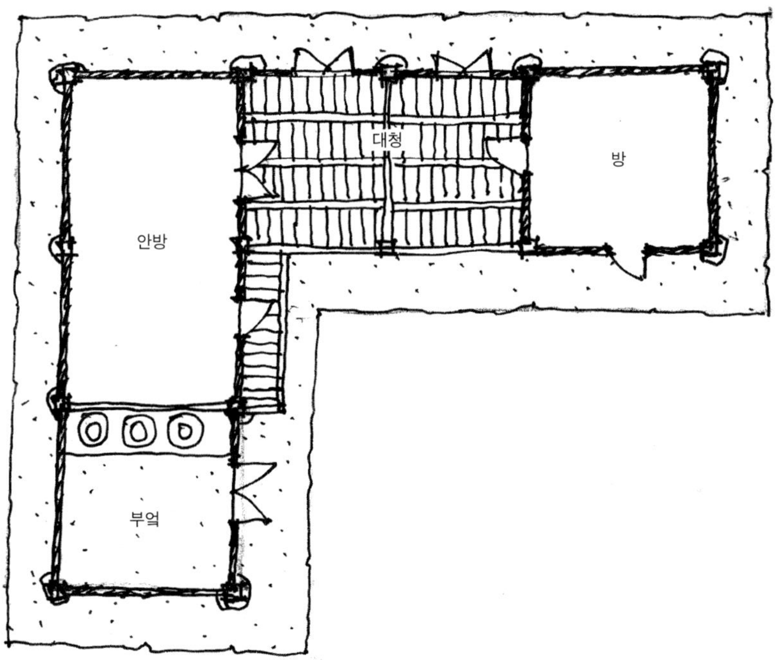

그림 2-4 서울지방형

남부지방형

경상도와 전라도 지방에 많이 분포되어 있으며, 평안도지방형과 같이 一자형一字形 평면으로[부엌+방+대청+방]으로 구성되어 있다. 남부지방의 따뜻한 기후의 영향으로 방과 방 사이에 대청이 있는 개방적인 것이 특징이다. 규모가 작은 3칸집의 경우는 [부엌+방+방]으로 구성되어 있고 방 전면에 툇마루를 두고 있다.

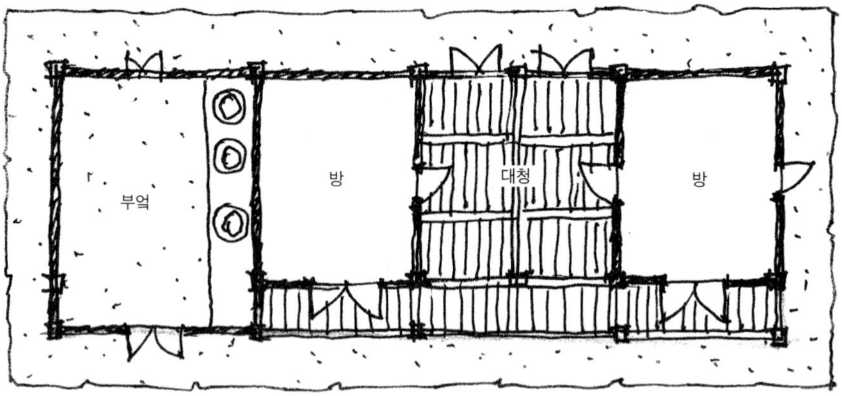

그림 2-5 남부지방형

제주도지방형

우리나라에서 가장 온화한 기후의 영향으로 육지와는 다르게 취사용 아궁이가 방과 연결되지 않고 독립적으로 둔 것이 특징이다. 평면형태는 중앙에 대청인 상방을 두고 좌우에 부모의 방인 큰 구들과 자녀들 방인 작은 구들을 두고, 큰 구들 북쪽에는 물품을 보관하는 고팡을 두며, 일반적으로 작은 구들 앞쪽에는 부엌인 정지를 배치한다. 바람이 심한 지역인 제주지방의 민가는 강한 해풍에 견디기 위해서 다른 지역보다도 지붕의 물매도 완만하고 건물의 높이가 지면에 낮게 붙은 구조를 보이고 있다.

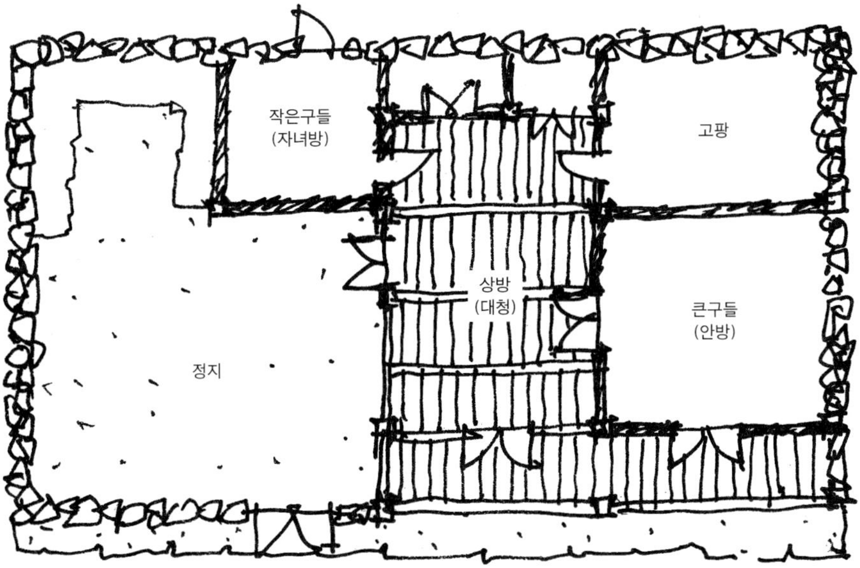

그림 2-6 제주도지방형

건축재료 및 형태에 의한 분류

한국 풍토건축은 지붕의 구조와 재료에 따라 초가집, 기와집, 너와집, 굴피집, 띠집, 까치구멍집 등으로 구분하고, 벽체의 구조와 재료에 따라 토담집, 귀틀집, 투막집, 우데기집 등으로 구분할 수 있다.

토속적인 건축형태로 특징지어지는 민가는 주변에서 습득이 용이한 재료를 사용하여 건축하므로 강원도 산간지역은 목재가 풍부하기 때문에 대부분의 부재를 나무로 사용하고 있다. 지붕재료는 이 지역에서 재료 습득이 용이한 너와, 겨릅, 새, 굴피 등을 볼 수 있다. 자연에서 얻는 재료 뿐 아니라 생업을 통해 얻는 경우로 논농사지역에서는 벼짚, 삼 재배지역에서는 겨릅 등이 그러한 예이다.

강원도 지역의 경우 지붕은 너와를 얹고, 방의 벽체는 흙벽이나 귀틀구조로 하고, 부엌과 외양간은 나무로 만든 판장벽으로 하여 통풍과 환기가 잘 되도록 하고 있다.

초가집

초가집은 농경생활에서 벼농사의 부산물인 볏짚으로 이엉을 엮어서 지붕을 이기 시작한 것이다. 초가는 기와집에 비하여 집의 구조가 간편하고 경제적 부담이 없으며 집짓기가 간편하고, 볏짚을 이용하여 지붕을 쉽게 이을 수 있기 때문에 일반 서민과 농민들의 가옥으로 널리 지어졌다. 볏짚은 가볍고 쉽게 구할 수 있을 뿐만 아니라 볏짚 속에 공간이 있어 그 안의 공기층은 여름철 뜨거운 햇볕을 막아주고, 겨울철에는 보온 역할을 하며, 표면이 매끄러워서 빗물이 잘 흘러내려 다른 재료에 비하여 지붕물매가 완만해도 되는 훌륭한 지붕재료이다. 그러나 볏짚의 내구성이 약하므로 가을 추수를 한 후 농한기를 이용하여 매년 한 번씩 마을주민들이 품앗이로 이엉을 엮어 지붕을 덮는다. 그러므로 매년 새집 같은 모습을 보여주며 지붕을 새로 이은 후의 마을전체풍경은 옹기종기 모인 초가지붕이 볏짚색인 노란색으로 단장되어 풍요롭고 평화로운 경관을 이루어 우리나라의 고유한 농촌마을 풍경을 만들어준다.

초가의 벽체는 목구조로 하기 전에는 흙과 돌을 이용하여 사방을 토담으로 쌓은 토담위에 지붕을 덮었다. 벼농사가 정착되기 전이나 논이 없는 산간지역에서는 볏짚 대신 자연에서 얻을 수 있는 새풀, 억새풀, 띠풀, 갈대, 너와, 굴피 등으로 지붕을 이었다.

그림 2-7 볏짚으로 이엉을 엮고 있는 모습(좌)
그림 2-8 지붕을 이고 있는 전경(우)

제주도 지방의 초가는 주로 억새풀의 일종인 새풀로 지붕을 많이 이었으며, 강한 해풍에 견디기 위해서 지붕에 가로, 세로 줄매기를 육지보다 촘촘히 매는 것이 특징이다.

그림 2-9 제주지방의 초가

기와집

기와를 지붕재료로 지은 집을 기와집이라고 하며, 한국전통건축의 대표적인 건축형태로 기와지붕의 구조와 형태에 따라 맞배지붕, 우진각지붕, 팔작지붕으로 구분한다.

기와는 지붕을 잇는 재료로 기본적으로 암기와(평기와)와 수키와(둥근기와)가 있다. 일반적으로 기와지붕은 서까래 위에 산자를 깔고, 산자위에 진흙을 이겨 얇게 편 알매흙을 깐 뒤에 위·아래로 암기와를 걸치고 좌우의 이음매에 홍두께 흙과 함께 수키와를 덮는다. 수키와 잇기가 끝나면 용마루, 내림마루, 귀마루 등을 만들고 장식기와를 얹어 마감한다. 처마 끝에는 비아무림으로 막새를 붙이며, 암기와 끝에는 암막새기와, 수키와 끝에는 수막새기와를 붙인다. 이들 막새기와의 무늬 종류는 다양하며 제작수법도 시대에 따라 차이가 있다.

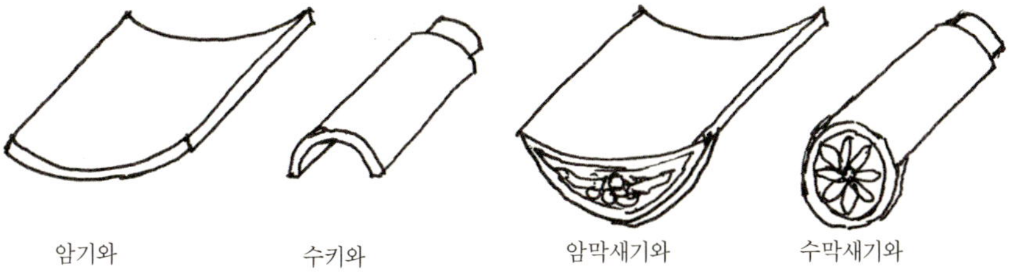

그림 2-10 기와(상)
그림 2-11 기와지붕(하)

너와집

너와집은 기와 대신 너와를 사용하는 것이며, 경우에 따라서는 청석판을 이용하기도 하였다. 강원도 산간지역을 중심으로 볏집을 구하기 어려운 화전민火田民들이 사는 마을에 주로 분포되어 있다. 너와란 나무널로 만든 기와란 뜻으로 사용하며, 원래는 널와로 하였다가 너와로 부르게 되었다. 너와는 소나무나 참나무의 송판을 길이 60㎝, 너비 30㎝, 두께 3~5㎝ 정도 되게 도끼로 쪼개어 만든 널빤지이다. 강원도 지방에서는 느에집 또는 능에집이라고 부르며, 자연에서 채취한 청석으로 지붕을 이은 돌기와 지붕도 볼 수 있다.

그림 2-12 너와집

그림 2-13 돌기와지붕

강원도 삼척군 신기면 대이리 너와집

너와지붕으로 3칸 겹집이며 산간 오지의 환경을 고려하여 겨울철 추위와 눈의 피해를 줄이기 위하여 온돌방, 부엌, 도장방(곳간), 마루, 봉당, 소마구간 등이 한지붕 밑에 겹집구조로 구성되어 있다. 안방 모서리에 고콜이라는 벽난로를 설치하여 겨울철에 관솔을 지펴서 난방을 하였고, 지붕 양쪽에는 까치구멍이 있어 부엌에서 생기는 연기가 밖으로 빠져나가도록 하였다.

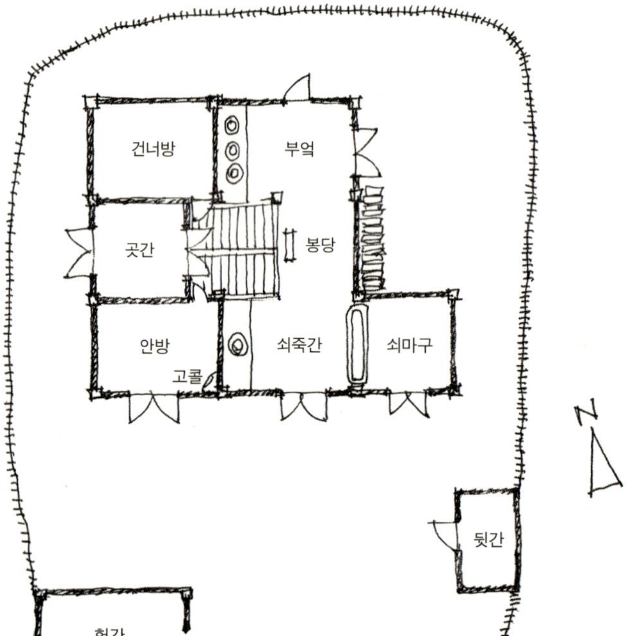

그림 2-14 너와집(대이리), (상)
그림 2-15 너와집 배치도(대이리), (하)

굴피집(투비집)

너와집과 마찬가지로 강원도 산간지역 등지의 화전민들이 사는 마을에 주로 분포하였으며, 지붕을 너와 대신 굴피로 이은 집을 굴피집이라 하며 투비집이라고도 한다. 참나무(떡갈나무)의 두꺼운 껍질을 굴피라고 하며, 굴피집은 국가에서 너와를 만드는 소나무의 벌목을 금지하면서 생기게 된 것이다. 굴피는 큰 참나무를 베어 껍질을 최대한 넓게 떼어내 차곡차곡 쌓은 다음 무거운 돌로 눌러 평평하게 편다음 지붕을 덮는데 사용한다. 참나무 껍질은 탄력이 있고 잘 썩지 않을 뿐만 아니라 물을 먹지 않고 가볍고 질겨서 수명이 반영구적이라고 한다.

그림 2-16 굴피집

그림 2-17 띠집

띠집

띠집은 선사시대의 수혈주거나 고대주거에서 많이 사용되었으며, 지붕을 띠(부들, 억새, 갈대 등)로 이은 집을 말한다. 억새나 갈대 등이 많이 나는 강변지역에서 이와 같은 자연재료를 얻기 쉬웠으므로 띠집이 세워졌다.

겨릅집

겨릅집은 삼 재배지역에 분포되어 있으며, 삼 껍질을 벗긴 속대인 겨릅을 지붕재료로 이은 집을 겨릅집이라고 한다. 겨릅은 가볍고 속이 비어 공기층이 있으므로 초가지붕에 볏짚 이엉을 얹기 전에 지붕면에 여러 겹으로 덮어 지붕구조를 가볍게 할뿐만 아니라 단열과 보온에 매우 효과적인 재료로 사용하였다.

까치구멍집

경북 북부지역과 강원도 태백산맥을 중심으로 한 추운지역에 분포되어 있으며, 인축동거형人畜同居形의 겹집에서 볼 수 있다. 까치구멍집은 집 내부에서 발생한 연기, 수증기, 악취 등을 외부로 배출하기 위하여 지붕 용마루의 양쪽 끝에 구멍을 두었으며 자연환기구 역할을 하는 이 구멍을 까치구멍에 비유하여 붙여진 이름이다.

그림 2-18 까치구멍집

귀틀집(방틀집)

귀틀집은 방틀집 또는 말집이라고도 하며 주로 강원도 산간지역의 화전민들이 사는 마을에 주로 분포되어 있다. 귀틀집은 통나무를 중첩되게 정자형井字形으로 쌓아올려 벽체를 만든 후 지붕을 덮으며, 통나무의 모서리 교차부는 서로 아래위를 따서 맞물리게 결구하고 쌓아올린 나무 사이에 생기는 틈새는 진흙으로 발랐다. 선사시대의 기록에 "집을 짓는데 나무를 횡으로 놓아 감옥처럼 만들었다"고 기록되어 있어 귀틀집은 매우 오래된 주거형식임을 알 수 있다. 태백산, 오대산, 설악산, 지리산, 개마고원 일대, 압록강 유역, 두만강 유역, 소백산맥, 차령산맥 등의 깊은 산간지역에 분포되어 있다.

그림 2-19 귀틀집

그림 2-20 투망집

우데기집 / 투막집(투망집)

투막집은 귀틀집을 변형시켜 만든 집으로 울릉도 전지역에 분포되어 있었으나 나리동에 몇 채 남아 있다. 귀틀집이 벽체가 외부에 노출된 개방형인데 비하여, 투막집은 귀틀집의 둘레에 축담이라는 공간을 두고 축담의 외부에 우데기를 둘러 외부와 차단시키고 있다. 축담 둘레에 우데기를 두른 이유는 겨울철 기후의 영향을 받아 생긴 형태로 눈이 많이 내려 외부와 차단될 경우에도 집안에서 활동할 수 있는 공간을 확보할 뿐만 아니라 혹독한 추위를 막기 위한 이중벽의 효과를 얻을 수 있는 것이다.

울릉도 통나무 구조 너와지붕의 우데기집

경북 울릉군 북면 나리동에 위치한 이 집은 육지의 너와집과는 달리 바람과 눈이 많은 섬 지방의 기후에 대응한 구조로 형태와 크기가 독특하고 견고하게 지어졌다. 초가의 형태는 一자형 5칸 통나무 구조에 너와지붕의 우데기집으로 정면 5칸 측면 1칸이다. 큰방과 중간방은 정지에서 내굴로 난방을 하고 갓방은 우데기를 앞으로 돌출시켜 헛간을 만들고 벽 외부에 별도의 아궁이를 설치하여 난방을 하였다. 겨울철 추위와 눈으로부터 가축을 보호하기 위하여 정지 옆에 소 마구간을 두고 우데기로 집 전체를 둘렀다.

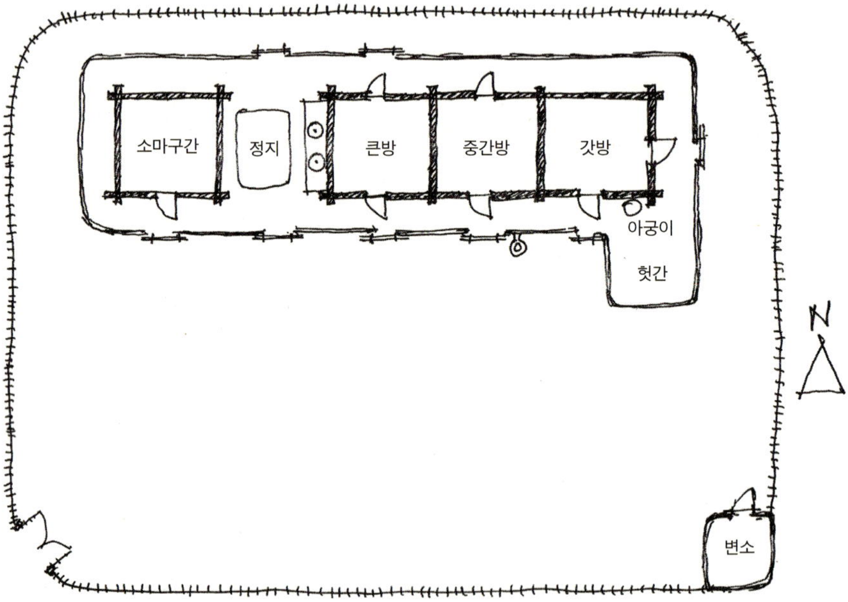

그림 2-21 우데기집 배치도

그림 2-22 우데기집 전경

토담집

토담집은 흙으로서 담을 쌓듯이 벽체를 쌓아 올려서 만든 집이며, 우리나라 농촌마을에서 많이 볼 수 있는 토속적인 집 형태이다. 즉 벽체는 흙벽돌로 쌓거나 거푸집 속에 흙을 이겨 다져 넣어서 쌓아 올리는데, 보통 벽체의 두께는 30㎝ 정도로 하고 북쪽벽은 개구부를 최소화하고 남쪽벽은 개구부를 크게 하여 여름에는 시원하고 겨울에는 따뜻하게 하였다.

주택의 평면구성

일반적으로 한국풍토건축의 주택은 대지 내에 안채를 중심으로 여러 채가 배치되어 있으며, 대표적인 건물로 안채를 기준으로 평면구성을 보면 홑집과 겹집으로 크게 구분된다. 평면구성의 변화는 기후에 의한 요인도 있지만 부富의 정도에 따른 주거 규모의 차이가 있으므로 경제적인 영향도 많이 받고 있다고 볼 수 있다.

홑집

홑집은 一자형의 평면구성으로 기후가 온화한 지역에 일반적으로 나타나는 평면형태로 함경도와 강원도 산간지역을 제외한 대부분의 지역에 골고루 분포되어 있다. 2칸(부엌+방)의 一자형이 최소규모이고, 보통 3칸(부엌+방+방) 또는 4칸(부엌+방+대청+방)의 평면형태로 구성된다. 一자형 평면의 부엌 앞에 방이나 외양간이 부가되면 ㄱ자형 평면의 홑집(방/외양간+부엌+방+대청+방)이 된다. 2칸 또는 3칸의 一자형 평면의 귀틀집은 구조적으로 간단하고, 단시간 내에 단위 세대가 살 수 있는 주거공간을 만들기가 쉽기 때문에 산간지역 화전민의 주거형태로 많이 나타났다.

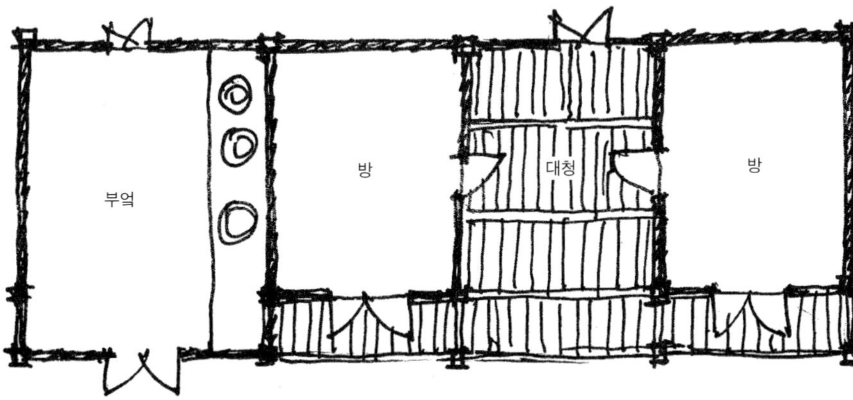

그림 2-23 홑집

겹집

강원도와 함경도의 추운 산간지역에 주로 분포한 겹집은 田자형 평면으로 주거 공간 내에 방, 부엌, 외양간, 마루, 봉당 등이 집중적으로 배치되어 있다. 여름철 보다는 추운 겨울의 보온이 문제가 되므로 열손실을 최대한 줄이기 위하여 외벽면을 최소화 하는 방법으로 각실을 겹으로 2열 배치하였다. 겹집의 내부공간은 남자 중심의 생활공간과 여자 중심의 생활공간으로 크게 2개의 영역을 형성하고 있다. 사랑방, 외양간 등으로 구성되는 남자 중심의 생활공간은 외부로부터 접근이 용이하도록 출입구에 근접해 배치하고 사랑방과 외양간을 같은 영역에 인접시키는 것은 남자가 가축을 돌보고 보호하는데 편리하도록 하였다. 사랑방의 난방은 소 먹이를 위하여 큰 가마솥을 걸고 여물을 끓이는 아궁이를 이용하므로 생활공간과 난방이 일체가 된다. 여성 중심의 생활공간은 부엌, 안방, 도장방 등으로 구성되고 남자의 생활공간을 지나서 안쪽에 배치하며, 부엌의 아궁이는 안방과 도장을 난방하며, 도장방은 안방에서만 출입이 가능하게 하였다. 부엌이 외양간과 벽으로 분리되지 않고 동일한 공간으로 개방되어 있으므로 사랑방의 아궁이와 부엌의 아궁이에서 나오는 열을 강원도와 같이 깊은 산간지역에서 혹독한 추위로부터 가축을 보호하기 위하여 효율적으로 이용하고 있다. 남자의 생활공간과 여자의 생활공간을 연결하는 주택의 중앙에 마루와 봉당을 두며, 봉당은 건물 내에 있는 마당과 같은 성격으로 겨울철에 가내작업을 할 수 있는 장소로 사용된다.(그림 2-24 참조)

각 실의 출입동선은 모든 실들이 한 건물에 집중배치 되어 주출입구를 통하여 건물 안에서 상호 연결될 뿐만 아니라 밖에서 각 실로 직접 출입이 가능하도록 별도의 문을 두고 있다. 이러한 평면구성은 출입에 의한 추운 겨울철의 열소모를 최소화하고, 여름철에는 원활한 통풍과 밖에서 직접 출입이 가능하도록 배려한 것으로 볼 수 있다.

재래식 변소는 일반 농가와 마찬가지로 외양간 외벽에 붙어 있고 밖으로 돌아 출입을 하며 가축의 분뇨를 흘러들어가게 하여 거름으로 이용하고 있다.

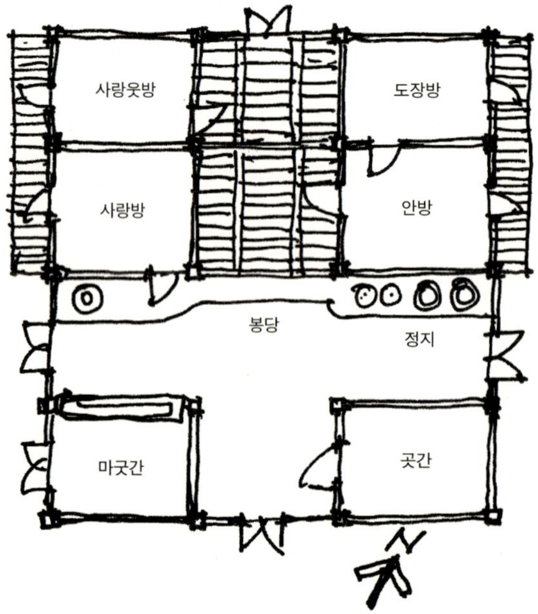

그림 2-24 강원도 삼척지방의 민가(겹집)

제3장

한국 풍토건축의 구성요소

한국풍토건축의 구성요소는 한국의 전통적인 주거건축을 중심으로 표현된 내용을 대상으로 하였다. 건축의 구조와 재료, 공간, 형태를 기준으로 한국풍토건축의 특성과 의미를 찾았으며, 지붕의 형태와 구조형식, 처마의 역할, 담장의 구조와 형태, 대문, 온돌, 창호지, 방, 마루, 변소, 마당, 장독대, 처마밑 공간, 정원수, 당나무, 공간의 소통, 건축형태, 건축색채, 토속건축과 경관을 중심으로 사례를 조사 예시하였다. 이러한 요소들은 사회의 전반적인 변화로 시대에 뒤떨어지는 불편함이 있고 현대의 생활방식에 맞지 않아 대부분 소멸되고 있지만 우리의 고유한 건축문화적인 측면에서 한국풍토건축의 멋으로 재음미하고 미래의 건축에 활용할 수 있는 훌륭한 의미를 갖고 있다.

구조 및 재료

지붕

지붕의 형태와 구조는 건물의 형태를 결정하고 사용자에게 편리성 여부를 결정하는 데 미치는 영향이 매우 클 뿐만 아니라 지붕이 내포하는 의미도 중요하다. 지붕은 건물의 최상부를 이루는 구조체로 비를 막고 복사열을 차단하여 실내온도를 조절하는 기능을 가지며, 건물을 상징하는 외관상 의장효과가 매우 크다.

한국전통가옥에 사용된 지붕의 종류는 지붕형태에 따라 맞배지붕, 우진각지붕, 팔작지붕 등으로 구분된다.

맞배지붕(박공지붕)

맞배지붕은 지붕구조가 가장 간단한 지붕형식으로 건물의 전후면은 경사지붕면이 보이지만 양 측면은 벽이 수직으로 연장되어 △형의 박공면이 되므로 박공지붕이라고도 한다.

그림 3-1 맞배지붕(산청 단계리 박씨 고가), (상)
맞배지붕(산청 산천재), (하)

우진각지붕(모임지붕)

우진각지붕은 지붕의 전후좌우 4면이 모두 경사지붕면이 되는 지붕형태이다. 지붕의 전후에서 볼 때는 사다리꼴 모양의 경사지붕면이고 양 측면에서 볼 때는 삼각형의 경사지붕면이 된다. 사방에서 경사지붕면이 한 곳으로 모여 있으므로 우진각지붕을 모임지붕이라고도 한다. 특히 평면형태에 따라 평면이 정사각형인 경우는 피라밋 모양으로 사모지붕, 육각형인 경우는 육모지붕, 팔각형인 경우는 팔모지붕이라 부르며 정자건축亭子建築에 주로 이용되고 있다.

그림 3-2 우진각지붕(산청 단계리 박씨 고가), (상)
우진각지붕(산청 남사마을), (우, 상)
우진각지붕(고성 학림리 최씨 고가 안채), (우, 하)

그림 3-3 사모지붕(산청), (상)
사모지붕(창덕궁 애련정), (하)

그림 3-4 육모지붕(산청)

팔작지붕(합각지붕)

한국 전통건축물의 기와지붕 중에서 가장 아름답고 복잡한 지붕형태로 지붕의 양 측면이 삼각형의 박공면 밑에 八자 모양을 덧붙여 마치 부채살이 펴지는 듯한 형상이 되었다고 하여 팔작지붕이라 하며 합각지붕이라고도 한다. 팔작지붕은 장중하고 용마루 곡선이 유연하며 네 귀의 처마 끝이 치솟기 때문에 화려하고 위엄이 있는 독특한 형태미를 나타낸다. 주로 건물의 규모가 크고 중심이 되는 주건물에 팔작지붕을 사용한다.

팔작지붕에 적용한 후림과 조로는 착시현상을 교정하는데 중요한 역할을 한다. 후림은 지붕을 수평으로 네 귀를 뻗게 하고 안으로 지붕선을 후린 것이고, 조로는 수직면 위로 휘어오르도록 한 것이다. 후림과 조로는 처마선이 쳐져 보이는 것을 미연에 방지하기 위한 방안이다. 여기에 용마루선도 양끝을 휘

그림 3-5 팔작지붕(거창 정온선생 생가 안채), (상)
팔작지붕 측면(고성 학림리 최씨 고가), (하)

어 오르게 하여 거대한 지붕의 무게를 가볍게 들어 올려 보이도록 조절하고 있다. 한국전통건축의 지붕형태는 처마와 용마루의 곡선이 수평 수직 방향으로 지나치게 휘어지거나 요란스런 변화를 주지 않는다. 그러므로 안정되고 편안한 자연스런 곡선으로 이어지는 지붕형태미를 표현한다. 일반주택의 용마루선의 곡선이 지역에 따라 다소 차이가 있는데, 영호남을 비교 할 때 일반적으로 호남지역의 용마루선이 영남지역 보다 양끝으로 크게 휘어오른 형태를 보여준다.

처마

처마는 벽체에서 돌출되어 나온 지붕의 깊이 부분을 말하며, 목구조에서 처마는 나무와 흙으로 된 벽면을 비, 바람, 복사열 등의 기후 변화로부터 보호하고 조절하는 역할을 한다. 경사지붕과 깊은 처마는 비가 많이 오는 지역에는 필수적인 건축구조형식으로 처마 깊이가 깊을수록 벽면이 비에 젖지 않고 복사열을 덜 받아 여름철에는 실내 기온을 시원하게 유지할 수 있는 패시브형의 디자인 방법이다. 그러므로 우리나라의 전통건축으로 기와지붕에서는 처마를 길게 하기 위하여 홑처마에 부연을 달아 겹처마로 하고 팔작지붕의 경우 지붕의 네 모서리에 활주를 사용하여 길게 뻗어 나온 육중한 지붕을 받치도록 한다.

깊은 처마는 에너지를 조절하는데 매우 효과적인 구조이다. 처마에 의하여 생기는 벽체의 그늘부분은 바깥 온도보다 낮아, 두 지점간의 온도차는 기압차가 일어나게 하고 바람을 일게 한다. 그러므로 처마가 깊을수록 처마밑 공간의 활용이 많아지고 벽면을 보호하는데 유리하므로 여름철의 무더위와 장마가 있는 우리나라의 기후에는 처마가 의장적인 의미를 넘어 기후조절 요인으로 건축디자인의 중요한 구성요소가 된다.

남쪽 벽면의 처마는 창과 문 위에 설치한 수평 차양의 역할로 태양고도가 높은 여름철에 실내로 들어오는 일사를 막아주고 비가 올 때도 창문을 열어 자연환기가 가능하므로 실내 온도를 조절하여 에너지를 절약하는데 매우 효과적인 역할을 한다. 겨울에는 태양고도가 낮으므로 실내로 입사하는 일사량이 처마에 의하여 차단되지 않고 방안 깊숙이 햇빛이 들어오므로 여름에는 시원하게 하고 겨울에는 따뜻하게 유지할 수 있다.

지붕형태에서 우진각지붕과 팔작지붕은 4면의 처마가 수평선이지만 맞배지붕의 양측면은 사선으로 올라가기 때문에 건물의 양측벽면이 비에 젖게 되므로 풍판風板을 달아 전후면의 처마선과 같이 처마가 수평이 되도록 조절하여 벽면을 보호하였다.

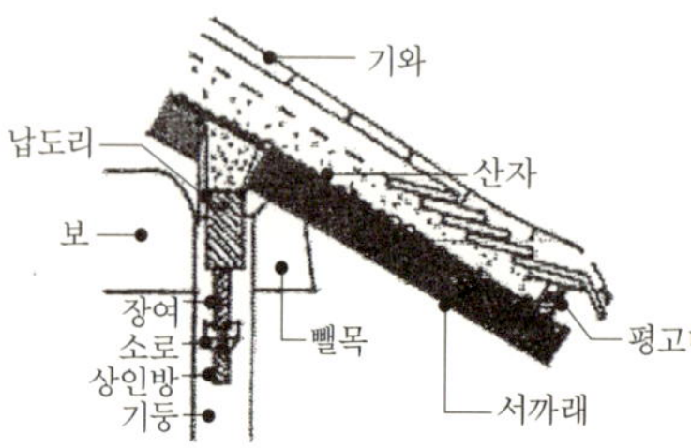

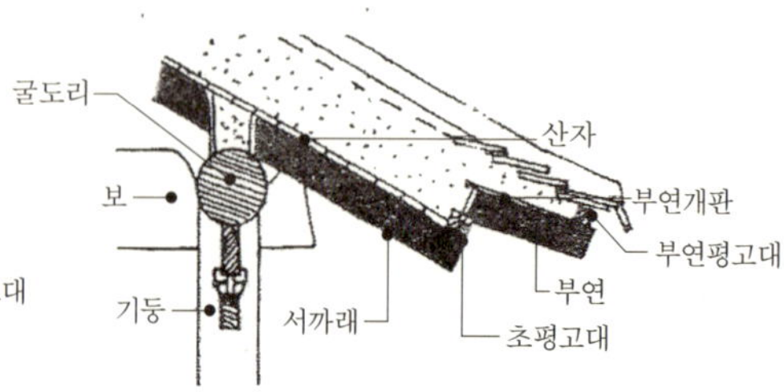

그림 3-6 홑처마 단면도(좌), 그림 3-7 겹처마 단면도(우)

그림 3-8 홑처마(좌), 그림 3-9 겹처마(우)

풍채

제주지방의 남향집에서 여름철 뜨거운 직사광선이 들어오는 것을 막기 위하여 마루 전면에 차양과 비슷한 풍채를 만들어 앞퇴에 붙여 사용하고 있다. 풍채는 햇빛을 차단하는 용도 외에 비와 바람이 심하게 집안으로 들이칠 때 풍채를 받치고 있는 막대기를 내려서 비, 바람을 막는 역할을 한다. 제주도 지방뿐만 아니라 해풍海風이 심한 남해안지역에서도 처마 끝에 풍채와 유사한 차양구조물을 설치하여 대청이나 툇마루의 공간을 보호하는 역할을 한다. 차양구조물은 강릉의 선교장, 해남의 윤고산 고택 등 상류 주택의 사랑채에서도 이와 같은 목적으로 설치된 것을 볼 수 있다.

그림 3-10 제주지방의 풍채

담장

집과 집의 경계를 표시하고 무단출입을 통제하며 영역을 구분하는 목적으로 설치하는 것을 울타리, 울, 담장, 담이라 부른다. 사용하는 구조와 재료에 따라 명칭을 구분하며, 나무판재나 길고 가는 나뭇가지 등을 엮어 집 주위를 둘러치는 것을 울타리라 하고, 흙, 돌, 벽돌, 블록 등을 쌓아 비교적 튼튼한 구조에 집안을 들여다 볼 수 없도록 시선이 차단되는 구조물을 담장 또는 담이라 한다.

울타리나 담장은 한국전통주택에서 공간을 구성하는 필수적인 요소로 작용하고 있다. 서양식 주택에서는 현관이 공적영역과 사적영역의 경계가 되어 담장의 역할이 중요하지 않지만, 한국전통주택에서는 대문이 공적영역과 사적영역의 경계를 지어주므로, 대문은 양식주택의 현관 역할을 하게 된다. 담장 안은 사적영역으로 활용되고 각 건물의 개구부가 마당을 향하여 열려 있으며, 여러 채의 건물들은 마당을 중심으로 배치하고 담장으로 둘러싸 각 공간을 보호하고 있다. 사적 공간인 방문이 마루로 열려있고 마루는 마당으로 개방되어 있으므로 내외부 공간이 서로 소통하며, 대문 안의 마당을 중심으로 각 공간이 일체로 개방되고 상호 연결되어 있다.

그림 3-11 흙담(좌, 우)

그러므로, 각 지자체에서 공유공간을 확보한다는 전제로 공공청사, 학교, 주택 등의 기존 담장을 허물고 길을 넓혀서 확 트인 공간을 확보하는 경우가 있지만, 전통적인 한옥주택에서 여러 채의 건물과 집안을 보호하고 있는 담장을 헐고 개방하는 것은 각 주택의 영역이 파괴되므로 합리적인 방법이라고 볼 수 없다.

담장의 구조와 형태는 쌓는 방법과 사용되는 재료에 따라 다르며, 마을마다 고유한 담장과 골목길을 형성하고 있다. 전통적인 고가古家, 감나무, 담장이 어우러져 만드는 골목길은 마을 특유의 고유한 지역성을 나타내고 있다. 2006년부터 문화재청에서 '묵은동네 돌담길'을 등록문화재로 지정하여 보존하기로 한 것은 우리의 고유한 문화유산을 체계적으로 보존 관리하고 전승하는데 큰 의미가 있는 것이다. 각 마을의 담장은 마을 주민들이 주변에서 채취할 수 있는 돌과 흙을 사용하므로 지역민의 독특한 미적 감각과 향토적 서정성이 담겨 있는 문화유산이다. 고향의 푸근함과 아늑함을 느끼게 하는 전통적인 골목길은 자연경관에 어울릴 뿐만 아니라 마을의 역사를 증언하고 미학적으로도 정체성을 갖고 있는 뛰어난 공간구성을 하고 있다. '묵은 동네 돌담길'은 문화유산으로서 보존할 필요성이 있고, 관광자원화에도 중요한 역할을 한다

옛 담장을 등록문화재로 지정한 현황은 다음과 같다.

- 고성 학동마을 옛 담장(등록문화재 제258호, 2006.6.19등록), 경상남도 고성군 하일면 학림리 917-1 등
- 거창 황산마을 옛 담장(등록문화재 제259호, 2006.6.19등록), 경상남도 거창군 위천면 황산리488-2 등
- 산청 단계마을 옛 담장(등록문화재 제260호, 2006.6.19등록), 경상남도 산청군 신등면 단계리556-1 등
- 성주 한개마을 옛 담장(등록문화재 제261호, 2006.6.19등록), 경상북도 성주군 월항면 대산리

- 무주 지전마을 옛 담장(등록문화재 제262호, 2006.6.19등록),전라북도 무주군 설천면 길산리48-1 등
- 익산 함라마을 옛 담장(등록문화재 제263호, 2006.6.19등록), 전라북도 익산시 함라면 함열리314 등
- 강진 병영마을 옛 담장(등록문화재 제264호, 2006.6.19등록), 전라남도 강진군 병영면 지로리291-1 등
- 담양 창평 삼지천마을 옛 담장(등록문화재 제265호, 2006.6.19등록), 전라남도 담양군 창평면 삼천리82-1 등
- 대구 옻골마을 옛 담장(등록문화재 제266호, 2006.6.19등록), 대구광역시 동구 둔산동344-1 등
- 완도 청산도 상서마을 옛 담장(등록문화재 제279호, 2006.12.4등록), 전라남도 완도군 청산면 상동리280-1
- 부여 반교마을 옛 담장 옛 담장(등록문화재 제280호, 2006.12.4등록), 충청남도 부여군 외산면 반교리176 등
- 산청 남사마을 옛 담장(등록문화재 제281호, 2006.12.4등록), 경상남도 산청군 단성면 남사리253 등
- 신안 흑산도 사리마을 옛 담장(등록문화재 제282호, 2006.12.4등록), 전라남도 신안군 흑산면 사리13 등
- 신안 비금도 내촌마을 옛 담장(등록문화재 제283호, 2006.12.4등록), 전라남도 신안군 비금면 내월리679-1 등
- 영암 죽정마을(등록문화재 제367호, 2007.11.30등록), 전라남도 영암군 군서면 도갑리188-6 등

거창 황산마을 옛 담장

경상남도 거창군 위천면 황산리에 있는 황산마을은 18세기 중엽 황고黃皐 신수이愼守彝가 입향하여 번창한 거창신씨 씨족마을로, 마을은 대체로 평탄하고 마을 동측에 호음천이 흐르며, 대부분의 주택들이 남동향으로 배치되어 있다.

담장의 하부는 방형에 가까운 제법 큰 자연석을 사용하여 진흙을 사춤하지 않고 메쌓기 방식으로 쌓았으며, 그 위로는 하부의 자연석보다 작은 20㎝ 내외의 돌과 진흙을 교대로 바른층으로 쌓고 상부에는 한식기와를 이었다.

산청 단계마을 옛 담장

경남 산청군 신등면 단계리에 있는 단계마을은 평지에 마을이 형성하였고, 마을환경이 대부분 개선되었으며 문화재로 지정된 박씨 고가 주변에 옛담장이 그대로 남아 있다. 사람이 다니는 데에는 지장이 없으나, 자동차가 통행 할 수 없는 좁은 골목길로 돌담과 토석담이 혼재된 높이 2m 정도의 아늑한 골목길을 만들어 주는 담이다. 담 하부는 방형에 가까운 큰 돌로 진흙을 사용하지 않고 쌓았으며 비에 견딜 수 있는 구조로 하였고, 상부는 작은 돌을 사용하여 진흙과 교대로 쌓아올렸다.

성주 한개마을 옛 담장

경상북도 성주군 월항면 대산리에 있는 한개마을은 조선시대에 진주목사를 역임한 이우李友가 처음 입향한 성산이씨 집성마을이다. 마을의 북쪽에 위치한 영취산을 주산으로 하고 풍수지리적으로 이상적인 입지조건을 갖추고 있으며 완만한 남면 경사지에 한옥들이 배치된 전통마을로 아름다운 마을경관을 이루고 있다.

마을의 담장은 대부분 토석담장이 주를 이루고 있으며 극히 부분적으로 돌담장으로 되어 있다. 문화재로 지정된 전통한옥구조와 원형이 잘 보존된 돌담길이 어우러져 마을의 오랜 역사성과 전통적인 문화유산으로서 가치가 높은 마을경관을 보여준다.

그림 3-12 거창 황산마을 옛 담장(상, 하)

그림 3-13 산청 단계마을 옛 담장(상)
그림 3-14 성주 한개마을 옛 담장(하)

무주 지전마을 옛 담장

전라북도 무주군 설천면 길산리에 있는 지전마을 담장은 흙과 자연석을 혼용하여 평쌓기를 한 토석담으로 시각적 연속성을 주고 있으며 산골 마을의 아담한 분위기와 잘 조화된다.

익산 함라마을 옛 담장

전북 익산시 함라면 함열리에 있는 함라 마을의 옛 담장은 주택의 규모가 그리 크지 않은데도 담장이 높은 점이 특징이다. 흙다짐에 돌을 박은 형식인 토석담이 주류를 이루고 있으며, 그 밖에도 돌담, 전돌을 사용한 담 등 다양한 형태의 담이 섞여 있고, 담장 일부는 거푸집을 담장의 양편에 대고 황토 흙과 짚을 혼합하여 축조한 토담이 있다.

강진 병영마을 옛 담장

전라남도 강진군 병영면 한골목에 있는 병영마을은 병영면의 소재지에 위치하고 있어 교통이 편리한 곳이며, 병영면은 옛 병마절도사의 영營이란 명칭에서 유래한 오랜 역사 속에서 그 명맥을 이어오고 있다.

담장 축조 방식은 전체적으로 전통 죽담구조로 돌과 흙을 번갈아 쌓아 흙이 일종의 접착제 몰탈 역할을 한다. 담장의 하단부는 비교적 큰 화강석을 사용하였으나 중단부 위쪽에는 주먹정도 크기의 비교적 작은 돌을 사용하였다. 돌을 약 15° 정도 눕혀서 촘촘하게 쌓고, 다음 층에는 다시 엇갈려 쌓는 일종의 빗살무늬 형식으로 다른 지역과 다른 독특한 양식이다. 병영마을의 상징으로 된 이 형식을 '하멜식 담쌓기'라고 하며, 이는 하멜 일행이 1656년부터 1663년까지 7년간 이곳에 머무는 동안 그들로부터 습득한 것으로 전해오는 담쌓기 방식이다.

그림 3-15 무주 지전마을 옛 담장(상)
그림 3-16 익산 함라마을 옛 담장(하)

그림 3-17 강진 병영마을 옛 담장

담양 창평 삼지천마을 옛 담장

전남 담양군 창평면 삼천리에 있는 담양 창평 삼지천마을 옛 담장은 돌과 흙을 사용한 토석담으로 비교적 모나지 않은 화강석 계통의 둥근 돌을 사용하였고, 돌과 흙을 번갈아 쌓아 줄눈이 생긴 담장과 막쌓기 형식의 담장이 혼재되어 있다. S자형으로 자연스럽게 굽어진 마을 안길을 따라 형성된 담장은 고가들과 조화를 이루고 있다.

대구 옻골마을 옛 담장

대구 동구 둔산동에 있는 대구 옻골마을 옛 담장은 대부분 직선으로 형성된 토석담으로 사계절의 변화에 따라 다채로우면서도 고즈넉한 분위기를 연출한다.

그림 3-18 담양 창평 삼지천마을 옛 담장(상)
그림 3-19 대구 옻골마을 옛 담장(하)

완도군 상서마을 옛 담장

전라남도 완도군 청산면 상서리에 있는 상서마을은 조선 인조대仁祖代에 난을 피해 밀양 박씨, 언양 김씨, 나주 임씨가 정착한 마을로 마을 전체가 완만한 경사를 이루고 있다.

담장은 도서지방의 전형적인 형태로 '강담' 구조로 돌로만 쌓은 형식이며, 돌의 크기와 형태는 매우 일정하지 않고 다양하다. 축조방식은 특별히 큰 돌이 아래쪽에 놓이는 것이 아니며, 또한 줄눈형태를 갖추는 것도 아니다. 다양한 형태의 큰 돌, 작은 돌이 서로 맞물린 형태로 지극히 부정형으로 쌓았으며, 돌담의 원형이 잘 보존되어 있고 마을 주위의 계단식 논둑도 돌로 축조되어 자연경관에 잘 어울리는 돌담길이다.

부여 반교마을 옛 담장

충남 부여군 외산면 반교리에 있는 마을 주위의 밭에서 쉽게 얻을 수 있는 자연석 막돌(크기가 일정하지 않은 호박돌)을 사용하여 쌓은 담장이다. 담의 폭은 대개 하부가 90cm 정도로 넓고, 위로 가면서 조금씩 좁아져 상부의 폭은 60cm 정도로 안정감이 있다.

산청 남사마을 옛 담장

경남 산청군 단성면 남사리에 있는 남사마을은 평지에 형성되어 있고, 남사천이 마을을 휘감아 흐르며, 산청 남사마을 옛 담장은 토담과 돌담이 공존하는 돌담길이 잘 보존되어 있다. 옛 담장은 경남지방 문화재로 지정된 최씨고가, 이씨고가, 사양정사 등 전통가옥과 조화된 마을경관을 이루고 있다. 농촌전통테마마을로 지정되면서 옛 담장과 한옥韓屋으로 구성된 마을의 공간적 특성과 전통과 예를 중요시하는 마을 사람들의 마음을 담은 의미로 남사마을을 '예담촌'이라 부르고 있다.

그림 3-20 완도 청산도 상서마을 옛 담장(상)
그림 3-21 부여 반교마을 옛 담장(하)

그림 3-22 산청 남사마을 옛 담장(최씨 고가 입구), (상)
산청 남사마을 옛 담장(가양정사 입구), (하)

흑산도 사리마을 옛 담장

전남 신안군 흑산면 사리에 있는 흑산도 사리마을 옛 담장은 바람이 많은 도서지방의 환경에 맞게 강담구조로, 담을 쌓으면서 안팎의 담벼락을 약간씩 퇴물려 쌓아 견고한 느낌을 준다.

신안 비금도 내촌마을 옛 담장

전라남도 신안군 비금면 내월리에 있는 신안 비금도 내촌마을 옛 담장은 마을 뒤에서 손쉽게 얻을 수 있는 막돌을 사용하여 쌓은 돌담. 막돌을 메쌓기 한 것, 막돌과 흙을 교대로 쌓아 올린 것 등 여러 형식이 있다.

영암 죽정마을 옛 담장

전라남도 영암군 군서면 도갑리에 있는 영암 죽정마을 옛 담장은 돌로만 쌓은 '강담' 구조로서 돌의 크기와 형태는 일정하지 않고, 평평한 것부터 둥근 것까지 다양하며 대체적으로 길이가 10cm에서부터 큰것은 30~50cm정도이다. 큰 돌, 작은 돌이 서로 맞물린 형태로 쌓아진 돌담은 주변의 풍광과 잘 어우러져 독특한 도서지방의 경관을 나타낸다.

경북 군위 부계 한밤마을 돌담길

경상북도 군위군 부계면 대율리에 있는 한밤마을은 신라시대에 홍란이 이 마을에 이주하여 부계홍씨 일족이 번창하였고, 고려 때까지 일야 혹은 대야로 불리었으나, 고려 말 홍로에 의하여 대율로 개칭되었으며, 속명으로 한밤마을로 알려져 있다.

한밤마을은 팔공산 북쪽 자락에 위치해 있어서 집들이 북향으로 배치되어 있고, 사방으로 경치가 수려하다. 마을 안길로는 차량 진입이 어려우며 안길의 형태가 잘 남아 있다. 돌담은 막돌허튼층쌓기로 하부가 넓고 상부가 다소 좁은 형태이고, 돌담의 곡선이 매우 자연스럽고 아름다우며 원형이 잘 보존되어 있다.

그림 3-23 흑산도 사리마을 옛 담장(상)
그림 3-24 신안 비금도 내촌마을 옛 담장(하)

그림 3-25 신안 비금도 내촌마을 옛 담장(상)
그림 3-26 영암 죽정마을 옛 담장(하)

그림 3-27 군위 부계 한밤마을 옛 담장(상, 하)

그림 3-28 고성 학동마을 옛 담장(상, 하)

경남 고성 학동마을 돌담길

경상남도 고성군 하일면 학림리에 있는 학동마을은 구전口傳에 의하면 입향조 전주최씨의 선조가 하늘에서 학鶴이 내려와 마을에 앉아 알을 품고 있는 꿈을 꾸고는, 날이 밝자 그 곳을 찾아가보니 산수가 수려하고 학이 알을 품고 있는 형국이므로, 명당이라 믿고 이곳을 학동이라고 이름 지었다고 한다.

마을 뒤의 수태산에서 채취한 판석(두께 2~5㎝)과 황토를 주재료로 사용하여 바른층으로 쌓은 돌담이며, 판석은 학동마을의 경관형성 이미지에 중요한 구성요소로 마을 주변과 잘 어우러져 독특한 마을 골목길을 만들고 있다. 경상남도 문화재로 지정된 최씨 종가는 안채의 기단, 후원의 석축, 계단 등을 같은 판석으로 쌓아 마을의 돌담길과 조화를 이루어 마을 전체가 통일된 경관을 형성하고 있다.

대문

대문大門은 건물과 마당에 출입하기 위하여 설치된 문으로 평대문, 솟을대문으로 구분하고, 건축물의 종류에 따라 양식을 달리할 뿐만 아니라 집주인의 신분계급에 따라 양식을 달리한다.

평대문

기와지붕을 한 일반 서민주택과 중류주택의 몸채 또는 행랑채에 설치되며, 상류주택에서도 주로 안채에 출입하는 중문간채에 주로 설치된다. 출입하는 대문의 지붕이 좌우지붕과 같은 높이로 하였다.

솟을대문

솟을대문은 대문이 설치되는 행랑채보다 한 층 높게 출입하는 대문의 가운데 지붕을 좌우의 지붕보다 솟게 한 것이다. 대문 가운데 지붕을 한 층 더 높게 한 것은 종2품從二品 이상의 대감들이 타고 다니던 초헌軺軒이라는 수레가 드나들 수 있게 한 것이며, 외바퀴 수레가 자연스럽게 지나가도록 문지방에 홈을 판 것도 있다.

사립문

농촌마을의 일반적인 주택으로 초가집에서 대문이 없는 경우도 있지만, 집 주위에서 쉽게 구할 수 있는 가는 나무가지나 싸리나무, 대나무 등으로 엮어서 만든 대문으로 사립짝문(삽짝문), 시문柴門, 시비柴扉라고도 부른다. 사립문은 집안을 볼 수 없도록 굳게 닫힌 목재나 철재 대문과는 다르게 집 안과 밖의 경계가 불분명하고 빈 틈이 있으며, 그 집의 마루와 방까지도 집안 광경을 들여다 볼 수 있는 정서를 느끼게 한다. 사립문을 함부로 밀치고 들어갈 수는 없지만 살며시 밀고 들어 갈 수 있는 옛 고향의 정겨운 문으로 기억 속에 남아 있다.

제주지방 어귀담(삽짝)

제주지방에서만 볼 수 있는 대문형식으로 집으로 들어가는 입구인 어귀담(삽짝)의 양 옆에 돌기둥(정주석, 정주목)을 세우고 정낭(나무막대 3개)을 걸쳐 사용하고 있으며 그 집에 사람이 있는지를 알려주는 역할을 하고 있다. 정낭이 하나도 걸쳐 있지 않으면 집에 사람이 있다는 의미이고, 한 개가 걸쳐 있으면 집 주인이 이웃 나들이로 멀리 가지 않았고 곧 돌아온다는 의미이며 소나 말이 들어가지 못하도록 한 것이고, 두 개를 걸쳐 놓으면 집 주인은 없으나 아이들이 집 근처에 놀고 있고 금일 중에 돌아온다는 표시이며, 세 개를 걸쳐 놓으면 집 주인이 멀리 출타중이므로 빈집이라는 것을 알리는 의미이다.

그림 3-29 평대문(산청 남사마을 최씨 고가), (상)
그림 3-30 솟을대문(거창 황산리 신씨 고가), (하)

그림 3-31 솟을대문(산청 단계리 권씨 고가), (상)
그림 3-32 대사립문(하)

그림 3-33 대사립문(산청 단계리 박씨 고가), (상)
그림 3-34 제주지방 어귀담(하)

온돌(溫突, 구들)

우리나라의 고유한 전통적인 난방방식으로 온돌은 아궁이에서 불을 때면 화기火氣가 방바닥 밑의 방고래를 통과하므로 구들장을 덥혀 돌이 방출하는 열로 난방하는 방식으로 전세계에서 유일하게 방바닥 전체를 난방하는 장치이다. 열전도에 의한 난방이므로 아궁이에 가까운 아랫목의 바닥은 온도가 높고 윗목의 바닥은 온도가 낮아 윗목 방향으로 누웠을 때 머리를 차게 하며, 방바닥과 천장의 온도차가 있어 대류에 의한 난방을 겸하고 있다.

온돌문화는 우리 민족의 생활습관과 밀접한 관계가 있으며 우리나라 전지역의 모든 민가에서 사용하고 있다. 옛날 농경사회에서 온돌문화를 보면 대가족제도로 협소한 공간 속에서 많은 식구가 더불어 생활하였으며 추운 날 아랫목은 노약자가 우선 사용하고 손님에게 먼저 자리를 비워주므로 상대방을 배려하는 일상적인 생활문화가 형성되었다.

한국의 전통식품인 된장, 고추장 등 발효음식의 기본이 되는 메주를 구들방 아랫목에서 만들었고, 식혜도 따뜻한 아랫목에서 만들 수 있었으며, 발효식품은 구들문화가 가능하게 했다고 볼 수 있다. 또한 구들방 바닥에 몸을 최대한 접촉하기 위하여 입식생활 보다는 좌식생활이 주된 주거생활방식으로 토착화 되었다.

구들의 종류는 아궁이에 따른 분류로 방 하나를 덥히는 '당고래'와 여러 방을 덥히는 '내고래'로 나누고, 아궁이와 방이 연결된 내용에 따라 '한방 한 아궁이(외방구들)', '두방 한 아궁이(두방구들)', '여러 방 한 아궁이(겹방구들)', '여러 방 여러 아궁이(겹집구들, 쌍통집 통고래구들)'로 나눌 수 있다. 고래형태에 따른 분류로는 '고래구들'과 '막구들(흩튼구들, 막형)'로 나누고, 고래구들은 '골구들', '줄구들'이라고도 하며, '곧은고래구들(곧은형)', '부채고래구들(부채형)', '굽은고래구들(굽은형)', '맞선고래구들(맞선형)', '되돈고래구들(되돈형)', '원형고래구들(원형)', '혼용고래구들(혼용형)' 등으로 나눈다.[15]

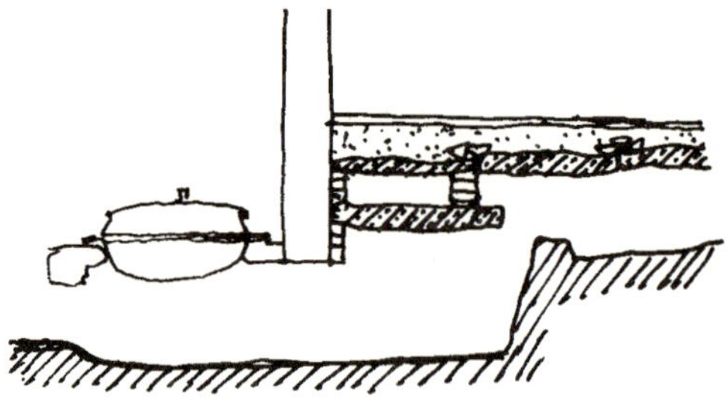

부뚜막 아궁이

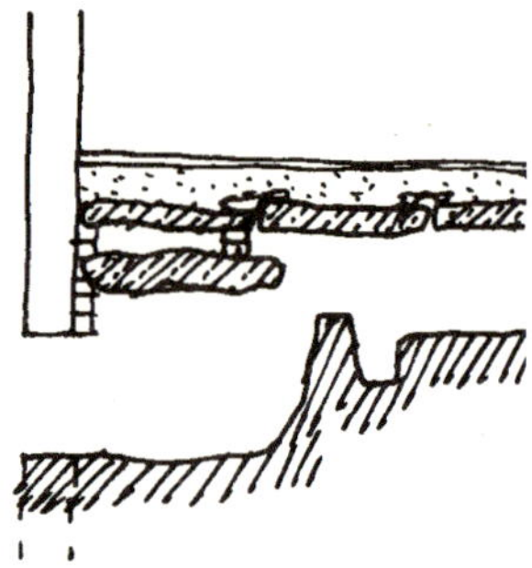

함실 아궁이

그림 3-35 아궁이16

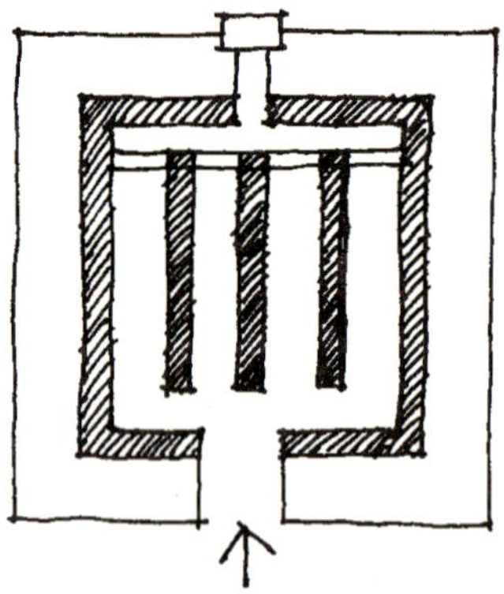

한 방 한 아궁이 고래구들(외방구들)

한 방 두 아궁이 고래구들

그림 3-36 아궁이에 따른 구들분류-당고래17

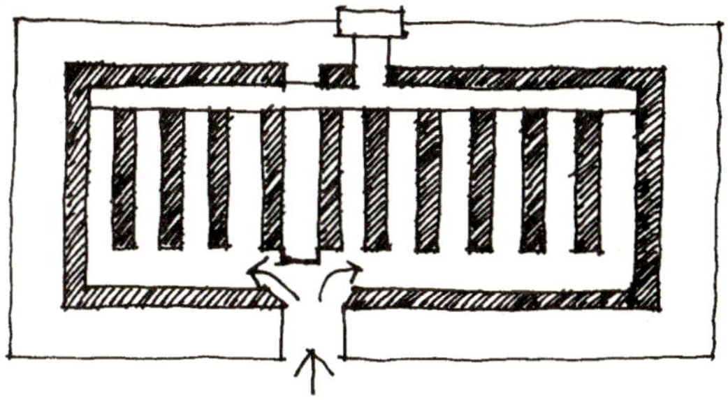

두 방 한 아궁이 두방고래구들(두방구들, 범고래구들, 양겹고래)

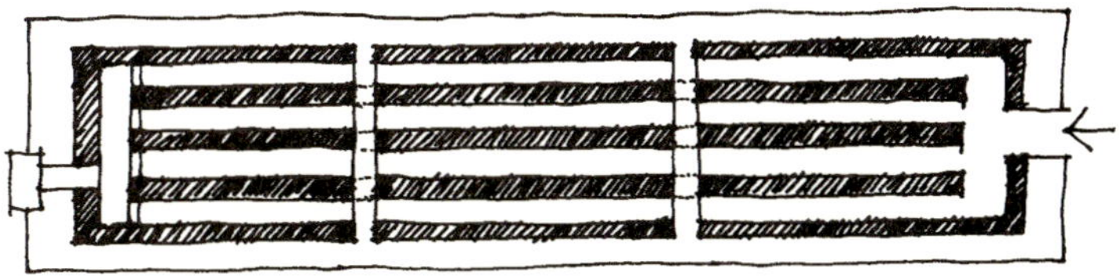

여러 방 한 아궁이 고래구들(겹방구들, 통고래구들)

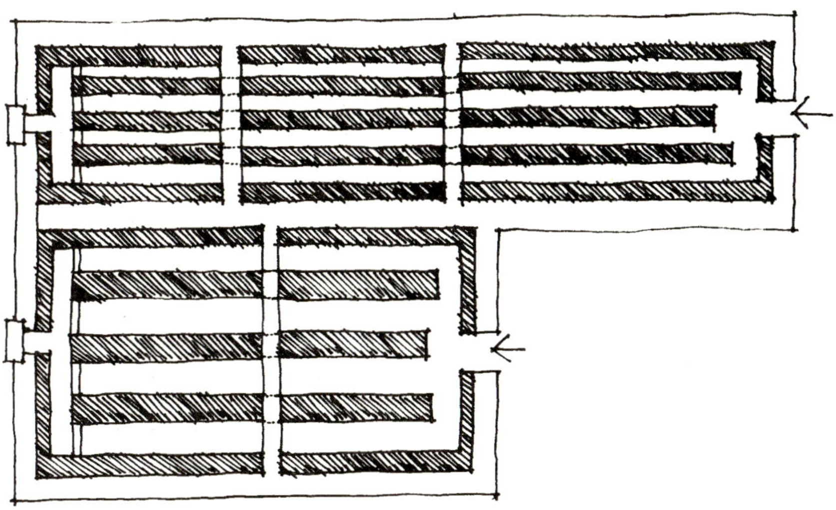

여러 방 여러 아궁이 고래구들(겹방구들, 쌍통집통고래구들)

그림 3-37 아궁이에 따른 구들분류-내고래[18]

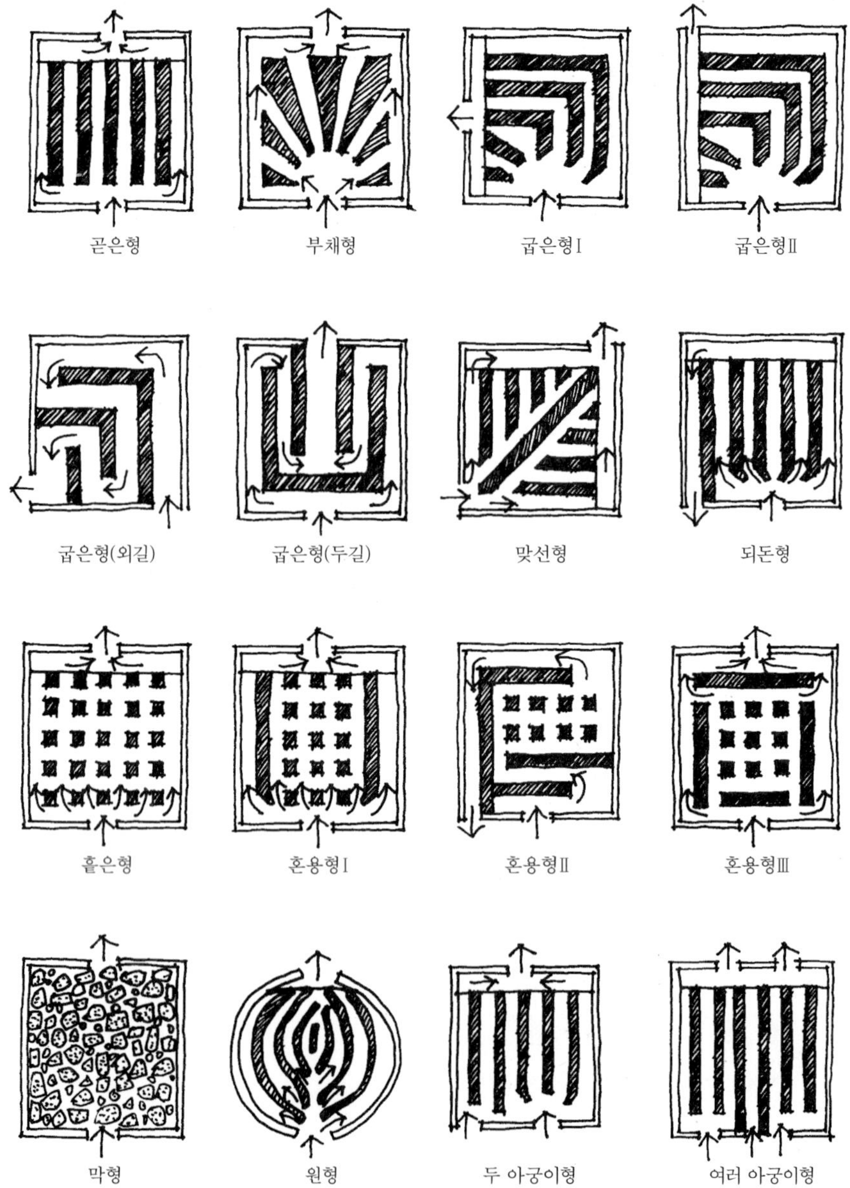

그림 3-38 고래형태에 따른 구들분류19

창호지窓戶紙

창호지는 한국전통건축에서 문에 바르는 종이로, 뽕나무과의 낙엽 활엽관목인 닥나무 껍질의 섬유를 원료로 만든다. 주로 창호에 바르는 종이이므로 창호지라 부르며, 한국의 전통적인 제법으로 만든 종이라 하여 한지韓紙, 조선종이라고도 하며, 지역에 따라서는 참종이라고도 부른다.

창호에 주로 사용하는 재료로 기밀성과 내구성이 높고 전망이 좋은 투명한 유리와는 달리 창호지는 불투명하여 기밀성과 내구성이 낮고 전망은 없지만 창호지를 처음 바른 후의 실내 분위기는 정갈하고 밝은 공간을 연출하는데 충분하다. 매년 입춘 때 묵은 창호지를 깨끗이 뜯어내고 새롭게 창호지를 바른 집안의 풍경은 한층 더 밝고 환하게 만들어 기분을 상쾌하게 할 뿐만 아니라 집안에 복을 불러들인다고 한다. 창호지를 통하여 들어오는 햇빛은 음영이 뚜렷이 생기지 않고 빛을 확산하며 방 전체가 부드럽고 아늑한 채광효과가 있다. 시계가 없는 옛날에 남쪽 벽면의 방문인 띠살문에 비친 창살의 그림자를 보고 시간을 판단하는데 이용할 수도 있었다. 달밤에 창호지를 통해 들어오는 달빛은 유리 등의 투명한 재료에서는 맛 볼 수 없는 공간의 은은한 부드러운 멋이 있다. 야간에 방안에서 다듬이질 등을 하는 동작이 창호지를 통해 외부에 비쳐지는 실류엣 등의 풍경 또한 창호지만이 표현 할 수 있는 독특한 효과로 볼 수 있다.

겨울철 문틈으로 새어드는 찬바람을 막기 위하여 문틀 둘레를 창호지로 바른 종이를 문풍지라고 하며, 문 주변에 기밀성 유지로 에너지 손실을 최소화시킨다. 창호지는 공기를 차단하지 않고 실내외의 공기를 미세하게 순환시켜주어 자연스럽게 방안의 탁한 공기와 외부의 신선한 공기를 교류시켜주는 환기 역할을 하여 밀폐된 공간이 아니라 숨을 쉴 수 있는 살아 있는 공간으로 만들어 준다. 일반적으로 보통유리는 자외선을 투과시키지 못하지만 창호지는 자외선 투과율이 4.3~20%로 건강에 좋은 창호용 재료이다. 그러므로 창호지는 자연채광과 미세한 통풍효과로 방안 공기의 온도와 습도를 조절하여 쾌적한 실내공간을 유지하는데 매우 효과적인 재료이므로, 주택에서 이중창호로 할 경우 안에는 창호지를 사용하고 밖에는 유리를 사용하면 쾌적성과 내구성 모두 만족하게 할 수 있다.

그림 3-39 창호지문(관가정, 양동마을), (상)
그림 3-40 창호지문(일두고택, 함양), (하)

그림 3-41 완자 살문에 비친 처마 그림자(상)
그림 3-42 띠살문(하)

공간

방

한국전통주택에서 각 방의 명칭은 서구주택과 같이 방의 기능을 설명하는 것 보다는 방의 위치나 방 사용자의 특성을 설명한다. 예를 들어 안방은 주택에서 안쪽에 위치한 안채에 있는 중심 방으로 안주인이 사용하는 방이라는 의미이고, 사랑방은 사랑채에 있는 중심 방으로 가장家長이 사용하는 방이며 , 안방을 기준으로 위치를 말하는 위방, 건너방, 머릿방 등으로 부르고, 집 안의 위치를 나타내는 방으로 대문채에 있는 문간방 등이 있다.

마루

한국전통주택에서 방바닥은 흙과 돌로 구성한 온돌구조로 겨울에 난방을 하여 따뜻하게 생활할 수 있는 주생활 공간이고, 바닥을 지면에서 띄우고 나무 널을 깔아 여름에 시원하게 생활할 수 있는 공간이 마루이다. 온돌방은 추위를 대비하여 바닥을 따뜻하게 하는 난방시스템이고, 마루는 더위와 습기를 대비하여 바닥을 시원하게 하는 구조이다. 그러므로 한국전통주택에서도 북방으로 올라 갈수록 온돌방이 차지하는 비중이 많아지고 남방으로 내려 갈수록 마루가 차지하는 비중이 많아지며 발달되었다.

마루방은 사람이 사용하는 외에 음식이나 곡식 등 물건을 보관하고 저장하는 방의 바닥구조로 사용되며, 좌식생활을 하는 생활방식에서 마루는 온돌방과 마찬가지로 적절한 기후조절방법으로 매우 유용한 방안이다.

마루는 기능과 위치에 따라 대청, 안청, 안마루, 누마루, 툇마루, 청방(남부지방에서 사용하는 명칭, 곡물수장 공간), 마래(남부 호남지방에서 사용하는 명칭), 고팡(제주도 지방에서 사용하는 명칭, 곡물수장 공간), 쪽마루, 뜰마루 등으로 구분하여 사용하고 있다.

툇마루

툇마루는 건물의 벽면에 외부공간인 마당을 향해 선형으로 놓여진 간단한 구조로 복도형의 마루이며, 마당에서 접근이 양호하고 직접 방을 출입하거나 걸터앉기에 기능적으로 편리하도록 설치되어 있다. 툇마루는 외부공간에 노출되어 있으므로 프라이버시에는 문제가 될 수 있지만 개방된 공간으로 바람이 자유롭게 드나들고 햇빛이 풍부하여, 남향에 있는 툇마루는 겨울철 햇살이 따뜻하게 들어오고 북쪽에 있는 툇마루는 여름철에 시원하게 지낼 수 있는 쾌적한 외부공간이다. 동쪽에 있는 툇마루는 오전 오후 모두 사용하기에 불편함이 없는 곳이다. 툇마루의 위치에 따라 계절과 시간에 맞게 사용하면 여유 있는 좋은 공간을 얻을 수 있다. 그러므로 툇마루는 깊은 처마 밑에 설치된 선형의 공간으로 내외부공간을 연결하는 완충적인 위치에 놓여 있어 자연과 소통이 자유롭게 이루어지고 다목적으로 활용할 수 있는 융통성 있는 유용한 공간이다. 툇마루의 장식으로 방문의 윗벽면에 방안과 같이 가족사진을 걸고 벽면에 시계, 거울 등으로 장식하여 실내와 같은 공간개념으로 사용하는 경우도 있다.

일반적으로 서민주택에서 개방된 대청이나 정자에서 느낄 수 있는 것과 같이 툇마루에 앉아 자연을 감상할 때 외부와 끊임없는 호흡이 일어나고 자연 속으로 몰입할 수 있는 환경을 제공해주므로 방안에서 느낄 수 없는 특별한 공간이라 할 수 있다. 또한 방안에서 할 수 없는 가사작업과 여러 가지 물건을 둘 수 있는 수납이 가능하며 일상생활에서 가족이나 이웃사람들과 편하게 담소를 즐길 수 있는 친교공간도 가능한 곳이다. 현관을 통해서만 출입이 가능하고 동선이나 내외부공간이 상호 단절된 서양식 주택과 아파트에서는 느낄 수 없는 공간이 툇마루이다. 툇마루는 우리나라의 토속적인 주거건축에서 볼 수 있는 간단한 구조로 매우 경제적이고 편리한 공간으로 어떠한 상황에서도 활용 가능한 다목적 공간이다.

현관과 복도의 역할을 하고 있는 툇마루는 외부에 노출된 공간이면서 내부공간에서의 생활내용이 거의 이루어지는 중요한 역할을 한다. 내부공간적 외부공간으로서 복합적인 기능을 갖고 있는 마당과 마찬가지로 외부에 노출된 내부공간적 복합기능을 갖고 있는 툇마루도 한국농어촌주택에서 주요한 공간요소의 하나로 외부공간과 내부공간의 완충적이면서 매개체적인 역할을 한다. 특히 툇마루는 남부지방에서 온화한 기후적 특성에 의해서 한겨울에도 바람이 심하게 부는 날을 제외하고는 낮 동안에 주거기능 및 농작업공간으로서 활용도가 높다. 또한 이웃 간의 친교가 부담 없이 이루어지고 서로 쉽게 접근 할 수 있는 장소를 만들어 주는 사회적 생활공간으로서 기여도가 크다고 볼 수 있다.

툇마루 공간의 역할을 요약하면 다음과 같이 분석된다.

- 내외부공간의 매개체적 공간 — 현관, 복도, 통로로 사용한다.
- 작업공간 — 옥내외의 작업장으로 이용한다.
- 식사장소 — 온화한 날씨에 많이 이용한다.
- 가벼운 응접장소 — 엄격한 격식을 갖추지 않아도 될 경우 방안에 들어가지 않고 가벼운 사회적 교류를 하는데 편리한 공간이다.
- 취침장소 — 여름철에 이용 가능하다.
- 휴식공간 — 일을 하는 동안에 쉽게 툇마루에 걸터앉아 휴식을 취할 수 있다.

그림 3-43 툇마루에서 작업하는 모습(상, 좌)
그림 3-44 툇마루에서 식사하는 모습(상, 우)
그림 3-45 툇마루의 연장-휴식공간(하)

이와 같이 다용도로 활용되고 있는 툇마루의 공간을 비, 바람으로부터 보호하기 위하여 바람이 심한 해안지역에서 처마 끝에 차양구조물을 설치한 예를 볼 수 있다.

일상생활에서 대부분의 사람들은 기다리는 동안이나 휴식을 할 때 걸터앉는 행태적 습성을 갖고 있으므로 마당 중심의 공간배치에서 건물전면建物前面에 툇마루를 놓은 것은 마당 공간의 유기적인 활동을 위해 필수적인 요소가 된다.

변소

재래식 변소는 현대의 수세식 화장실과는 다른 개념으로 악취와 비위생적인 문제로 가능한 한 주거공간에서 직접 보이지 않아야하고 멀리 떨어져야 했다. 이와 같이 옛날에는 변소와 처갓집은 떨어질수록 좋다고 하였으나, 수세식 화장실을 사용하고 있는 지금은 화장실을 안방 안에서 직접 출입하므로 화장실과 처갓집이 가까울수록 편리하다는 현대사회생활의 의식구조변화에 대응하는 새로운 건축공간을 자연스럽게 반영한 결과가 되었다. 일반주택에서 화장실을 방안에 두는 것은 편리할지는 몰라도 여러 측면에서 재고할 필요가 있는 부분이다.

화학비료를 사용하기 전의 농경생활을 주로 하는 사회에서 변소의 기능은 농작물재배에 중요한 거름 자원으로 사용하였으므로 밖에서 놀다가도 집으로 찾아와 용변을 보는 것을 당연한 것으로 생각하였다. 그러므로 재래식 변소의 위치는 방이나 마당에서 출입하는 것이 직접 보이지 않아야 하고 외양간과 인접시켜 거름을 만드는데 유리해야 하므로 안채가 아닌 부속건물의 후면이나 외양간의 외벽에 붙여두는 것이 일반적인 방법이었다.

경남의 산청과 합천의 일부 내륙지역에서는 변소와 돼지우리를 상하층으로 배치하여 돼지가 인분을 먹을 수 있도록 상부에 변소를 두고 하부에 돼지우리를 두었다.(그림 3-46 참조)

그림 3-46 변소와 돼지우리(합천군 봉산면 금봉리), (상, 하)

마당

한국전통가옥의 마당은 안채 앞의 안마당, 사랑채 앞의 사랑마당, 안채 뒤의 뒷마당 등 건물의 전후 및 주변의 외부공간으로 구분된다. 일반적인 농어촌 주택의 외부공간의 특성은 마당의 분화가 대지의 제한에 의하여 다양하게 표현될 수 없었으며, 대지의 중심에 위치한 안마당은 복합적인 기능을 수용하고 있으며, 마당이 주는 의미와 역할은 주택 내에서 중심공간으로 표현되고 있다.

건물을 대지의 중앙에 배치하지 않고 대지의 주위에 배치함으로써 만들어지는 중심공간이 마당이 되며, 바꾸어 말하면 마당이라는 외부중심공간형성을 전제로 대지의 물리적인 조건에 맞는 건물규모와 배치를 결정하였다고 볼 수 있다.

우리나라 농어촌지역의 전통가옥의 마당은 집안의 다양한 행사장의 중심공간으로 활용되므로, 마당은 농작업農作業을 하기 위한 공간 이외에 일상생활내용을 담고 있으며, 관혼상제冠婚喪祭등 특히 특별한 집안 행사를 하는 공간으로 활용되었다. 마당은 흙으로 되어 있으므로 비가 올 때는 사용하기가 불편하지만 날씨가 화창한 보통 때는 물을 뿌리고 깨끗이 쓸었을 때 마당의 정갈한 맛은 일품이다. 계절에 따라 건물 내부공간이 부족할 경우 마당으로 연장하여 자연스럽게 일시적인 내부공간으로 사용이 가능하며 내외부공간이 상호 유기적으로 구성되어 있다.

지금은 생활방식과 내용이 완전히 바뀌어 집 안에서 농작업을 하지 않을 뿐만 아니라 일상생활내용과 각종 행사도 도시와 같이 집 밖에서 이루어지므로 마당의 형태도 변화되고 있다.

장독대

한국전통가옥의 외부공간구성에서 다른 나라와 차별화되는 고유한 공간이 장독대이다. 된장, 고추장, 간장 등을 사용하는 한국의 식생활문화에서 필수적인 공간이 장독대이며 주택의 외부공간구성에 독특한 이미지를 주며 복福을 상징하는 장독의 문화를 가시적으로 표현한다. 장독대의 위치는 부엌과의

그림 3-47 장독대(거창 정온선생 생가), (상)
장독대(고성 학림리 최씨 고가), (하)

그림 3-48 장독대(창녕 술정리 하씨 초가), (상)
장독대(산청 남사마을 이씨 고가), (하)

관계가 중요하고 햇볕이 잘 드는 곳에 위치하며, 내륙지역에서는 안채의 뒷마당이나 측면에 부엌에서 가까운 거리에 배치하였고, 도서해안지역에서는 대지가 협소한 관계로 대부분 안채를 대지 경계선 후면 가까이 배치하므로 장독대의 위치는 부엌문에서 가까운 안채의 전면인 안마당에 배치되었다.

처마밑 공간

목구조형식의 한옥에서 처마는 여름 장마철에 나무와 흙으로 구성된 벽면을 보호하는데 필수적인 요소이며, 한국전통건축에서 처마를 길게 하기 위하여 겹처마로 하거나 차양을 달아내기도 한다.

처마밑 공간은 위치와 대상물에 따라 일시적 혹은 지속적인 저장공간으로 활용된다. 특히 처마밑 공간의 기온은 주위보다 온도가 차이 있으므로 기후조절요인으로도 중요한 공간요소가 된다. 즉 깊은 처마는 그늘을 만들어주므로 햇빛을 직접 받는 주변보다 온도가 낮아 기압차가 생기고 기압차는 바람을 일으켜 집안을 시원하게 하고, 비, 바람으로부터 벽면을 보호해 주며, 비가 올 때도 문을 열 수가 있어 자연통풍을 원활하게 하여 시원한 실내 기온을 유지할 수 있다. 그러므로 처마밑의 ㄷ자형 공간에 선반을 달아 음식물을 보관하고, 다음 해에 파종할 곡식 열매를 달아 보관하기도 하며, 변질되기 쉬운 농작물을 매달아 장기간 저장하는 공간으로도 활용하고 있다.

특히 처마 밑 공간은 매년 봄이 되면 강남 갔던 제비가 찾아와 처마밑에 집을 짓고 알을 낳아 여름 동안 새끼를 키워 가을에는 다시 강남으로 가는 제비에게 보금자리를 제공하는 유일한 공간으로 제비와 흥부 놀부의 얘기를 있게 하였고, 인간과 동물과 자연이 함께 호흡하고 공존공생하는 환경친화적인 역할을 한다. 도시와 마찬가지로 농촌에서도 처마가 없는 박스형의 건물이 대부분인 현재의 건물들은 에너지절감뿐만 아니라 공간의 활용과 공존공생하는데 역행하고 있다.

그림 3-49 처마밑 공간의 활용-저장공간(상)
차양 공간의 활용(하)

그림 3-50 처마밑 공간의 활용-저장공간(상)
그림 3-51 처마밑 제비집(하)

정원수

대지의 중앙을 비워 마당으로 하고 주변에 건물을 배치하며, 마당 둘레에 감나무, 대추나무, 석류나무, 살구나무 등 일상생활에 유익하게 사용하는 실용적인 유실수를 심었다. 일년내내 그늘을 발생하게 하는 상록수는 정원수로 사용하지 않았으며, 4계절의 변화를 느낄 수 있는 활엽수를 주로 심었다. 상류 주택의 사랑채 앞의 사랑마당에는 가산假山을 만들거나 방지方地를 파고 조경을 하는 경우도 있으며, 사랑채 밖의 대문 주위에는 홰화나무를 주로 심었는데, 홰화나무는 집안에 학식이 뛰어나고 훌륭한 선비가 배출된다는 상징적 의미를 갖고 있는 것으로 전해진다.

그림 3-52 감나무(상), 대추나무(하, 좌), 석류나무(하, 우)

그림 3-53 감나무 있는 집(산청 남사마을)

그림 3-54 감나무 있는 집(합천 가회)

당나무

당나무는 마을 입구에 주로 위치하며, 한국전통마을구성의 주요소로 마을을 출입하는 모든 사항을 감시할 수 있는 장소가 될 뿐만 아니라 마을의 수호신으로 특별하고 성스러운 장소로 인식되었다. 여름철 더운 날씨에 거목의 당나무는 넓은 공간에 그늘을 만들어 주므로 마을의 어느 장소 보다 가장 시원한 곳이 된다. 당나무 밑은 누구나 편히 쉴 수 있는 공간으로 마을사람들이 언제나 모일 수 있으며 농번기에도 힘든 농사일을 할 수 없는 노약자들(노인과 어린이)이 낮에 모여 지내므로 자연스럽게 낯선 사람들의 마을출입을 통제할 수 있는 역할을 한다.

민간신앙에서 나무는 돌, 동물 등과 더불어 자연신自然神의 하나로 숭상되어 왔으며, 두려움의 대상이 되기도 하였다. 신성한 나무에는 신령이 내려오거나 머물러 있다고 믿으며, 무속에서 당나무는 하늘과 땅, 신과 사람이 만나는 신성한 곳이라 하여 함부로 베거나 훼손시키는 일이 없도록 하였다. 단군신화에서도 당나무에 대한 신앙을 찾아 볼 수 있다. 당나무는 산신목山神木,서낭목,동신

목洞神木 등으로 불리기도 하며, 매년 봄이나 가을에 정기적으로 마을굿을 바치며, 만약 딴 생각을 먹거나 태만하여 굿을 올리지 않으면 재앙을 가져온다고 믿고 있다. 당나무 주위에는 돌무더기를 쌓거나, 돌계단을 쌓고 있는 예도 많다.

마을굿은 민속신앙의 한 형태로 한마을이 단위가 되어 행하는 굿이며 고대 부족국가의 농경사회에서 정월, 씨를 뿌릴때, 추수가 끝났을 때 지내던 제천의식과 같은 집단신앙에서 비롯된다. 마을 전체의 공동체적 번영을 기원하고 마을 주민 모두가 참여하여 행하는 가장 대표적인 마을 행사이다. 마을굿의 목적은 오곡의 풍작을 기원하고, 마을이 무사태평하고, 나쁜 일이 일어나지 않도록 마을 주민 전체가 기원하는 것이다.

거목의 당나무 조성은 현대의 아파트 단지나 저층 단독주택단지에서도 민속신앙을 떠나서 영역성 확보와 단지의 랜드마크로서 개방된 주민의 휴식공간으로 활용하는 것이 지금도 바람직한 것으로 본다. 그러므로 단지에 진출입하는 중심공간에 배치하여 주민들이 자연스럽게 접근 할 수 있게 하여 편리한 친교장소로 활용 할 수 있게 하고, 낯선 사람들이 접근하기에는 어색한 공간으로 작용하여 사회적 범죄예방을 할 수 있는 특별한 공간이 되도록 한다.

그림 3-55 당나무(거창 황산마을)

공간의 소통

한국 건축의 구성은 획일화 되거나 규격화되지 않고 다양한 주변 자연환경에 순응하여 조화되도록 적절하게 구성하고 있다.

일반적인 한국건축은 목조가구식木造架構式 건축으로 건축부재의 크기나 형태가 일정하지 않고 자연에서 구한 자재의 원형을 최대한 활용하여 전체적인 조화를 중요시하며, 상호보완적으로 적재적소에 사용하였다. 즉, 한국풍토건축의 특성은 건축의 구조, 재료, 형태를 유연성 있게 다루고 유기적인 관계를 형성하면서 큰 틀의 규범속에서 통일을 유지하며 세부적인 차별성은 허용하는 여유와 균형미를 보여 주고 있다.

담장과 대문으로 둘러 싼 집안의 공간은 여러 채의 건물을 배치 구성하므로 건물안의 내부공간과 건물 밖의 외부공간이 마당을 중심으로 열려 있으므로 담장과 대문을 경계로한 커다란 내부공간으로 사용되며, 내·외부 공간이 자유롭게 소통하여 두 영역을 명확하게 구분하기가 어렵다.

기후가 온화한 남부지역일 수록 대청과 마루는 창호를 달지 않고 남쪽으로 개방되어 있고, 북쪽은 겨울철 한파를 대비하여 판장벽과 판장문을 일부 설치하여 시각적으로는 반 개방적인 공간이지만 공기의 흐름을 기준으로 하면 외부공간에 속한다.

그러므로 소음과 먼지와 시선에 노출된 대청과 마루는 현대생활 방식에서는 매우 불편한 공간이지만, 자연을 건물안으로 끌어 들이고, 건물이 자연 속으로 융합되는 개념에서는 건물과 자연이 일체화 된 공간 속에 인간의 삶이 영위되는 특성을 보여준다.

특히 풍광이 수려한 곳에 세워지는 정자건축은 사방이 개방되어 자연과 건축이 혼연 일체가 되며, 겨울을 대비하여 중앙에 온돌방을 두는 경우도 있다. 그림 3-56, 그림 3-57과 같이 들어열개창을 사방에 달아 필요시에 따라 창호를 개폐하여, 자연속으로 건축 내부공간을 완전 개방 할 수 있는 공간의 소통이 자연스럽게 이루어지는 멋이 있다.

그림 3-56 들어열개창(세연정, 보길도), (상)
그림 3-57 세연정 전경(보길도), (하)

형태

건축형태

우리나라의 전통건축은 나무木, 흙土, 돌石로 구성된 목구조형식으로 자연에서 쉽게 구할 수 있는 건축재료를 사용하였다. 특별한 건물을 제외한 일반적인 건물에서는 규격화된 부재의 사용보다는 자연의 형태를 최대한 유지 활용하는 방향으로 자연에 조화되는 형태를 보이고 있다. 예를 들어 초석은 규격화된 일정한 형태보다는 자연초석을 사용하여 형태나 크기가 다르지만 건물전체에 기능적으로나 구조적으로 문제가 없이 자연스럽게 구성하였고, 기둥과 보, 도리, 서까래 등 주요구조재도 엄격하게 동일한 크기나 형태가 아니며 규범적인 디자인은 아니지만 전체적인 조화로 안정되고 아름다운 통일된 한국의 전통건축미를 나타내고 있다. 각부의 형태와 상세는 지역에 따라 차이를 보이며 사용한 재료의 특성과 수법은 지역성을 표현하고 있다.

풍토건축의 일반적인 건축형태는 구조형식에 상관없이 모든 건물은 반드시 경사지붕으로 하였다. 사용하는 지붕재료와 지붕형태에 따라 유형이 구분되지만 우리나라의 기후 특성에 의한 겨울철의 심한 추위와 여름철의 긴 장마에 대비한 지붕구조를 강구하였으며, 지붕형태는 우리나라의 독특한 건축이미지를 잘 표현하고 있다.

우리나라에 건축된 전통건축은 단층구조로 하였으며, 지붕형식상으로 외형이 2층인 경우도 내부공간은 1층으로 하였다. 즉 사람이 기거하는 주거공간은 복층으로 하지 않았으며, 사람을 위한 공간이라도 통과하는 공간은 예외로 하여, 누각은 2층 구조형식으로 1층은 사람이 통과하는 공간으로 하고 2층에만 기거하는 공간으로 하여 실제 사용하는 공간은 단층으로 하였다. 사람이 기거하는 공간의 상부나 하부에 물건을 수장하는 공간을 두는 것은 가능하며, 수장공간을 복층으로 하는 것은 문제가 되지 않았다.

사람이 거주하는 공간을 단층으로 해야 하는 원칙은 홍익인간弘益人間의 정신에 기인한다고 볼 수 있다. 단군신화에 의하면 '널리 인간세계를 이롭게 한다'는 뜻으로 홍익인간의 정신을 고조선의 건국이념으로 삼았다. 사람위에 사람이 있을 수 없고, 사람이 곧 하늘이라는 인내천人乃天의 사상과도 기본 개념에서 무관하지 않다고 본다.

건물의 배치는 지형, 지세에 순응한 방향을 가장 중요시 하고, 독립된 큰규모의 단일건물 보다는 여러 채로 나누어 배치하는 것을 원칙으로 하였다. 우리나라의 지형 특성상 평지에 격자형의 배치보다는 자연스런 지형과 지세에 따라 다양한 방향으로 배치하므로 획일화 되지 않고 변화무상한 구성으로 주변경관과 조화되며 지붕이 중첩되어 보이는 훌륭한 경관을 이루었다. 중심건물을 기준으로 진입하는 축을 반드시 일직선을 고집하지 않았으며, 중심축에 좌우 대칭하는 배치보다는 비대칭성의 균형을 이루고 있다.

건축색채

한국전통건축에 색채를 사용하는 것은 단청丹青을 대표적으로 들 수 있다. 단청은 목조건물에 여러 가지 빛깔로 무늬를 그려서 아름답고 장엄하게 장식하며, 목재의 부식을 방지하여 내구성을 높이는 역할을 한다. 단청의 역사는 선사시대 신神에게 의식을 올리거나 제단祭壇을 꾸미는 일에 그림을 장식하거나 제사장祭祀長의 얼굴에 색칠을 하는 데서 비롯되었다고 한다. 단청은 신비감神秘感을 주고 잡귀

雜鬼를 쫓는 벽사辟邪의 뜻도 있고 위엄과 권위를 표시하기도 한다. 단청은 삼국시대부터 활발하게 유행하였으며, 궁궐건축, 사찰건축, 관아官衙건축, 사당, 등의 특별한 건물에 사용하였으며 일반 주택에는 사용을 금지하였다. 주택에는 조상의 위패를 모시는 가묘 건물은 특별한 장소로 단청을 하였다.

한국전통건축의 단청과 같이 화려한 색채는 특별한 건물뿐만 아니라 특별한 사람과 특별한 때에 전통적으로 화려한 색채를 사용하고 있다. 임금을 중심으로한 고관대작의 특별한 사람들은 화려한 색채의 옷을 입고, 일반 백성들도 돌, 결혼, 특별한 축하행사 때에는 화려한 색채의 옷을 입는다.

단청의 원료인 안료顔料는 광물질 색감을 사용하며, 광택이 없고 벌레의 침식을 방지하고 방습효과가 있어 목조의 부식을 방지한다. 단청에 주로 사용하는 채료彩料는 발색이 선명하고 불변하는 안정된 색이며 불투명하고 진하게 사용되므로 진채眞彩라고도 한다. 기본 색채는 청靑, 적赤, 황黃, 백白, 흑黑의 5색이며 이를 혼합해서 수많은 빛깔을 낸다. 5색은 음양오행설陰陽伍行說과 관계가 있으며 현세現世의 강녕康寧과 내세來世의 기원祈願이 깃들어 있고, 5색은 오행伍行, 오상伍常, 방위方位, 절기節氣, 사신四神과 상호 관련된 의미를 갖고 있다.

- 청靑 : 목木, 인仁, 동東, 봄[春], 청용靑龍
- 적赤 : 화火, 예禮, 남南, 여름[夏], 주작朱雀
- 황黃 : 토土, 신信, 중앙中央, 토용(土用 : 환절기에 해당)/사계四季
- 백白 : 금金, 의義, 서西, 가을[秋], 백호白虎
- 흑黑 : 수水, 지智, 북北, 겨울[冬], 현무玄武

단청의 종류는 가칠단청假漆丹靑, 긋기단청, 모로단청으로 크게 구분하고 단청에 쓰이는 문채는 건축에 일반적으로 사용하는 문채가 모두 쓰인다.

그림 3-58 단청(덕수궁 대한문, 서울), (상)
그림 3-59 단청(조계사 대웅전, 서울), (하)

그림 3-60 단청(덕천서원 사당, 산청)

토속건축과 경관

지역의 특산물과 관련된 건축물은 그 지역의 독특한 형태로 고유한 정체성을 표현하며 자연에 동화되어 주변과 잘 어울리는 풍경이 된다. 담배를 재배하는 마을에서 주택들 사이에 탑 모양으로 우뚝 솟아 있는 토벽의 담배건조장(담배창) 건물은 매우 풍토성이 강한 토속건축의 좋은 사례가 되며, 마을경관을 특징지어준다. 돌과 흙으로 두터운 벽을 쌓아 만든 창고용 건물, 동적인 경관을 이루는 물레방아와 방앗간 등도 지역성을 표현하는 토속건축으로 독특한 경관을 만들어준다. 토담으로 축조한 창고는 주택내의 곳간채와 마을공동창고로 구분된다. 농촌산업의 유산으로 한 때에는 농촌생활에서 전성기를 이룬 중심건물인 담배건조장, 정미소, 양곡을 저장하는 마을 공동창고 등은 농촌마을에서 일반 주택들 보다 비교적 규모가 크고 층고가 높은 건물의 다양한 형태로 랜드마크 역할을 할 정도로 농촌경관을 특징 지운다. 이러한 유형의 건축은 그 시대의 애환과 삶의 많은 추억을 담고 있는 건축가 없는 건축으로 그 지역의 환경적 특성을 잘 반영하는 풍토건축의 대표적인 사례로 산업구조의 변화와 도시화의 물결 속에 방치되거나 소멸되어 흔적을 찾을 수 없는 상황에 이르게 되었다. 시대상과 지역건축의 특성에 대한 건축문화적 가치를 재인식하고 어떻게 보존하고 활용할 것인가?에 대한 해답을 찾아야 할 시점에 와 있는 것이다.

그림 3-61 담배 건조장(담배창)

그림 3-62 담배건조장(진주), (상)
그림 3-63 담배건조장(보은), (하)

그림 3-64 곳간-토담집(상)
그림 3-65 마을공동창고(가회), (하)

그림 3-66 마을공동창고(가회), (상)
그림 3-67 마을공동창고(삼가), (하)

그림 3-68 물레방아(산청 신촌), (상)
그림 3-69 장신정미소(보은), (하)

그림 3-70 선유정미소(괴산), (상)
그림 3-71 아곡정미소(보은), (하)

그림 3-72 삼송정미소(괴산), (상, 하)

제4장

한국남부해안지역의 주거건축 특성

한국 풍토건축의 실례로서 한국남부해안지역에 분포된 주거건축의 풍토적 건축특성을 규명하기 위하여 1983년부터 1987년까지 농어촌주택을 실측조사 분석하였다. 조사대상은 경남지역에서 자연조건의 특수성으로 시대변화와 고도의 산업화에 의한 사회변화에도 영향을 받지 않은 도서해안지역과 산간분지의 내륙지역을 대상으로 하여 자연발생적으로 형성하고 원형이 잘 보존된 농어촌주택으로 하였다. 구체적인 조사대상지역은 지역성을 기준으로 도서지역島嶼地域, 임해지역臨海地域, 내륙지역內陸地域으로 구분하여 비교하였다. 도서지역과 임해지역은 도서해안지역에 속하며 작은 섬들은 도서지역으로 하고 육지의 해안지역을 임해지역으로 하였으며, 해안의 기후 등 지역성에 영향 받지 않는 육지 깊숙한 지역을 내륙지역으로 하였다.[20]

건축공간의 규모

대지

대지의 조건은 건축공간을 결정하는 기본적인 요인으로 작용하며, 대지의 규모는 도서지역이 평균 173m^2(52평)로 가장 작고, 임해지역 평균 221m^2(67평), 내륙지역 평균 314m^2(95평)이며, 전체지역 평균 206m^2(62평), 최빈값 186m^2(56평)로 나타났다. 이러한 현상은 해안지역의 어촌마을이 대부분 경사지에 밀집된 분포로 대지확보가 어려운 지형적 제약으로 해석되며 섬지역으로 갈수록 더욱 대지규모가 협소하였다. 조사대상지역에서 대지의 최소면적은 도서지역의 46.0m^2, 최대면적은 임해지역의 546.0m^2로 나타났다.

표 4-1 지역별 대지의 규모(단위: m^2)

地域 / 區分	全地域	島嶼地域	臨海地域	內陸地域
평 균	206.291	172.938	221.672	314.366
중 앙 값	190.500	162.000	203.000	295.500
최 빈 값	186.000	129.000	165.000	253.000
표준편차	93.377	68.855	84.825	92.877
첨 도	1.075	0.502	3.179	0.422
왜 도	1.005	0.739	1.469	0.521
최 소 값	46.000	46.000	78.000	154.000
최 대 값	546.000	407.000	546.000	531.000
표 본 수	446	297	67	82

건물

대지 내에 건물이 2동 이상 배치된 것이 대부분이며, 건물 연면적의 규모도 대지규모와 마찬가지로 도서지역, 임해지역, 내륙지역 순으로 크게 분포하였다. 건축연면적과 대지규모가 어떠한 상관성이 있는지 알기 위하여 건축면적을 종속변인으로 하여 Y축에, 대지면적을 독립변인으로 하여 X축에 놓은 산포도(散布度, scattergram)를 일정한 구간별로 분포도를 쉽게 알아보기 위하여 그림 4-1과 같이 표현하였다.

전지역全地域에 대한 건축면적과 대지면적의 두 변인간의 상관관계는 양(+)의 높은 상관성을 나타내며, 대지면적은 건축면적의 규모를 약 60% 정도 설명이 가능하며 매우 유의적有意的인 것으로 나타났다.

건축면적은 전지역이 평균 65.5㎡이고 도서지역과 임해지역은 60~63㎡로 비슷한 분포를 보이지만 내륙지역은 85.7㎡로 크게 나타났다. 이들 건축면적도 안채, 아랫채, 부속사 등의 면적을 합한 것으로 건물 종류별 면적은 안채가 36~37㎡, 아랫채가 26~28㎡ 로 세 지역이 모두 비슷하게 나타났으나 부속사의 면적은 내륙지역의 농촌주택이 26㎡로 두 해안지역의 농어촌주택보다 2배 이상의 큰 규모로 나타났다. 이러한 현상은 내륙지역의 농촌주택에서는 넓은 대지의 여유 있는 공간 확보와 영농규모가 해안지역에 비하여 크므로 창고, 축사 등의 작업을 위한 부속공간이 많이 필요한 것으로 해석된다. 지역별 건물의 규모별 분포수 는 표 4-3과 같이 나타났다.

단위공간의 크기는 그 공간의 용도, 사용인수, 가구의 종류 및 양, 기능적인 활동공간 등과 이와 관련된 물리적 화학적 변화에 대응하여 쾌적한 실내환경을 유지하기 위한 공기의 용적, 또한 사용자의 의식수준 및 생활양식, 풍토건축의 기후조절 요인이나 풍토건축재료의 제한에 의한 건물의 구조방식 등에 영향을 받는다. 단위공간의 전면폭을 X, 깊이를 Y로 하여, 단위공간별 X와 Y에 대한 평균값은 표 4-4와 같다. 전지역에 분포된 방의 최빈값은 전면폭이 2.40m, 깊이가 2.70m 로 나타났다. 지역별 차이를 보면 방의 전면폭은 내륙지역이 큰 반면, 방의 깊이는 도서지역이 가장 크게 나타났다.

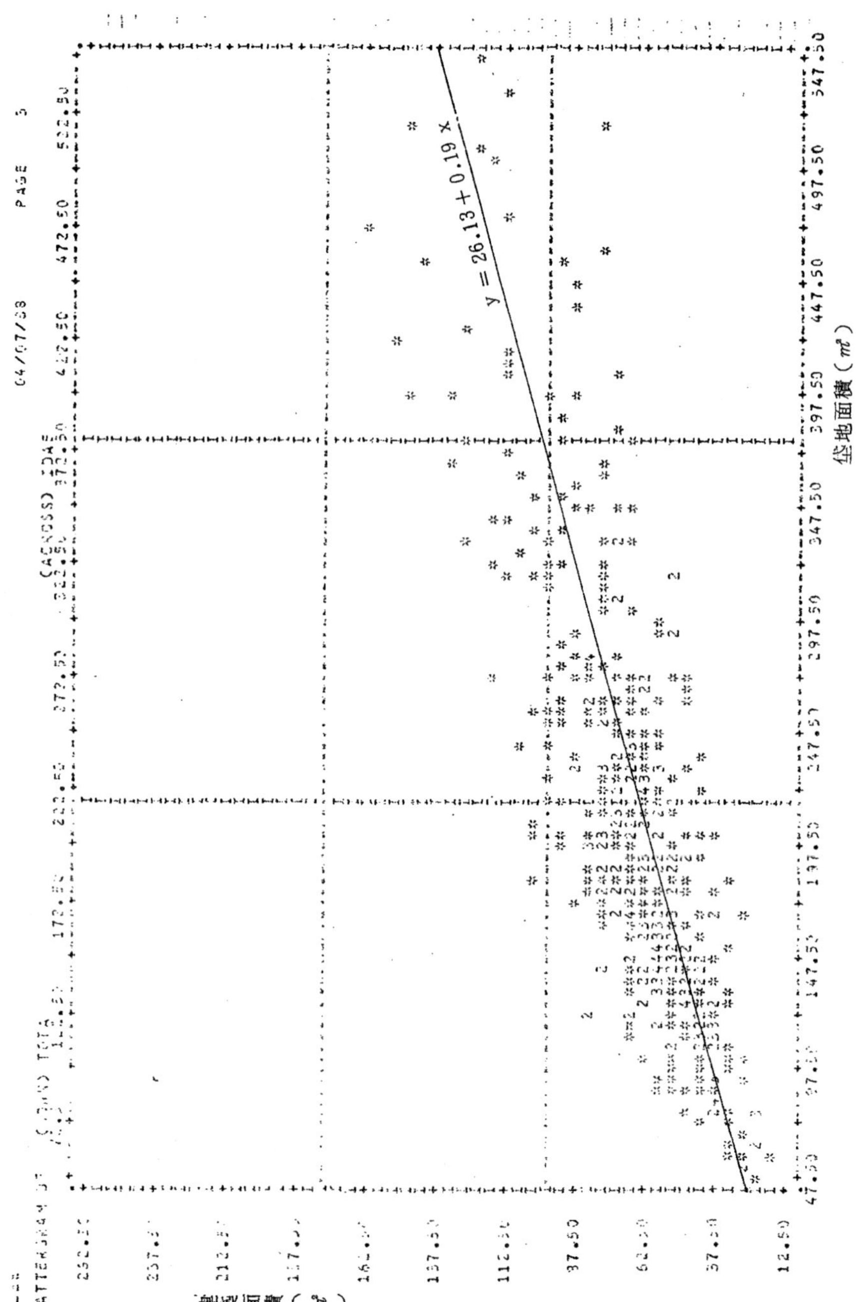

그림 4-1 건축면적과 대지면적의 상관분포도-전지역

표 4-2. 건물별 바닥면적(단위: ㎡)

區分	地域	全地域	島嶼地域	臨海地域	內陸地域
건축면적[*1)]	평 균	65.520	60.435	63.327	85.728
	중 앙 값	63.110	58.360	63.110	79.265
	최 빈 값	49.760	17.400	30.550	38.240
	표준편차	23.098	20.028	15.925	27.319
	첨 도	1.529	0.028	1.456	0.231
	왜 도	0.925	0.464	0.779	0.851
	최 소 값	17.400	17.400	30.550	38.240
	최 대 값	163.690	116.540	120.160	136.690
	표 본 수	446	297	67	82
안채의 바닥면적[*2)]	평 균	37.014	37.139	36.376	37.081
	중 앙 값	34.920	35.250	34.270	34.800
	최 빈 값	28.120	28.500	21.500	34.100
	표준편차	10.291	10.416	10.789	9.489
	첨 도	2.402	1.728	3.893	4.831
	왜 도	1.260	1.048	1.801	1.720
	최 소 값	16.000	16.000	21.500	20.460
	최 대 값	80.680	80.680	76.320	79.740
	표 본 수	446	297	67	82
아랫채의 바닥면적[*2)]	평 균	27.878	28.209	25.919	28.486
	중 앙 값	26.600	27.500	25.545	25.845
	최 빈 값	12.150	12.150	14.400	12.240
	표준편차	10.068	10.084	7.589	11.463
	첨 도	1.356	1.289	0.413	1.065
	왜 도	0.894	0.748	0.439	1.075
	최 소 값	6.160	6.160	14.400	12.240
	최 대 값	66.240	66.180	45.240	66.240
	표 본 수	300	176	52	72
부속사의 바닥면적[*2)]	평 균	14,949	10.978	11.741	26.190
	중 앙 값	11,500	9.940	8.640	23.750
	최 빈 값	3,000	2.240	3.000	13.720
	표준편차	12,979	7.931	8.697	17.472
	첨 도	7,159	0.293	0.272	2.967
	왜 도	2,056	0.864	0.832	1.360
	최 소 값	0,800	0.800	1.300	1.500
	최 대 값	96,610	39.320	32.520	96.610
	표 본 수	291	178	39	74

*1): 각 표본별 건물 바닥면적의 총합을 전체 표본수로 나눈 대표값
*2): 각 건물별 바닥면적을 실제 보유하고 있는 표본수로 나눈 대표값

표 4-3 건물의 규모별 호수(단위: 호)

建物名	안채				아랫채				부속사*			
地域 規模(㎡)	全地域	島嶼地域	臨海地域	內陸地域	全地域	島嶼地域	臨海地域	內陸地域	全地域	島嶼地域	臨海地域	內陸地域
0					146 (32.7)	121 (40.7)	15 (22.4)	10 (12.2)	155 (34.8)	119 (40.0)	28 (41.8)	8 (9.7)
5미만									66 (14.8)	54 (18.2)	8 (11.9)	4 (4.9)
5-10					3 (0.7)	3 (1.0)			59 (13.2)	37 (12.5)	13 (19.4)	9 (11.0)
10-15					16 (3.6)	9 (3.0)	2 (3.0)	5 (6.1)	5 (11.4)	37 (12.5)	5 (7.5)	9 (11.0)
15-20	9 (2.0)	9 (3.0)			46 (10.3)	21 (7.1)	12 (17.9)	13 (15.9)	36 (8.1)	24 (8.1)	6 (9.0)	6 (7.3)
20-25	16 (3.6)	10 (3.4)	4 (6.0)	2 (2.4)	64 (14.3)	41 (13.8)	11 (16.4)	12 (14.6)	28 (6.3)	14 (4.7)	3 (4.5)	11 (13.4)
25-30	81 (18.2)	55 (18.5)	13 (19.4)	13 (15.9)	67 (15.0)	36 (12.1)	12 (17.9)	19 (23.2)	20 (4.5)	8 (2.7)	2 (3.0)	10 (12.2)
30-35	118 (26.5)	73 (24.6)	19 (28.4)	26 (31.7)	44 (9.9)	28 (9.4)	9 (13.4)	7 (8.5)	13 (2.9)	3 (1.0)	2 (3.0)	8 (9.8)
35-40	90 (20.2)	57 (19.2)	14 (20.9)	19 (23.2)	24 (5.4)	17 (5.7)	4 (6.0)	3 (3.7)	6 (1.3)	1 (0.3)		5 (6.1)
40-45	56 (12.6)	38 (12.8)	8 (11.9)	10 (12.2)	18 (4.0)	12 (4.0)	1 (1.5)	5 (6.1)	1 (0.2)			1 (1.2)
45-50	30 (6.7)	21 (7.1)	3 (4.5)	6 (7.3)	8 (1.8)	3 (1.0)	1 (1.5)	4 (4.9)	4 (0.9)			4 (4.9)
50-55	18 (4.0)	14 (4.7)	2 (3.0)	2 (2.4)	5 (1.1)	3 (1.0)		2 (2.4)	3 (0.7)			3 (3.7)
55-60	11 (2.5)	9 (3.0)	1 (1.5)	1 (1.2)	1 (0.2)	1 (0.3)			1 (0.2)			1 (1.2)
60-65	9 (2.0)	7 (2.4)		2 (2.4)	2 (0.4)	1 (0.3)		1 (1.2)				
65-70	2 (0.4)	1 (0.3)	1 (1.5)		2 (0.4)	1 (0.3)		1 (1.2)	1 (0.2)			1 (1.2)
70-75	2 (0.4)	1 (0.3)	1 (1.5)						1 (0.2)			1 (1.2)
75-80	3 (0.7)	1 (0.3)	1 (1.5)	1 (1.2)								
80-85	1 (0.2)	1 (0.3)										
85이상									1 (0.2)			1 (1.2)
합계	446 (100.0)	297 (100.0)	67 (100.0)	82 (100.0)	446 (100.0)	297 (100.0)	67 (100.0)	82 (100.0)	446 (100.0)	297 (100.0)	67 (100.0)	82 (100.0)

*: 안채, 아랫채 이외의 부속건물 면적의 총합으로 단일건물만은 아님.

표 4-4 단위공간의 X·Y 평균값(단위: m)

區分 \ 地域		全地域	島嶼地域	臨海地域	內陸地域
방	X	2.47	2.45	2.41	2.58
	Y	2.80	2.83	2.76	2.77
부엌	X	2.60	2.51	2.60	2.96
	Y	3.60	3.59	3.34	3.89
뒷마루	X	4.30	4.51	3.94	3.95
	Y	1.18	1.13	1.15	1.35
창고	X	2.42	2.37	2.34	2.55
	Y	2.90	2.97	2.82	2.76

재료 및 구조형식

사용재료나 구조형식은 기후적인 요인이나 문화적인 요인과 마찬가지로 건축규모와 건축형태의 조절요인으로 작용된다. 그러므로 사용되어진 건축재료와 구조형식은 그 지역의 풍토성이 반영된 것으로 풍토건축을 표현하는 절대적인 요소이다. 안채를 기준으로 한 재료 및 구조형식, 지붕형태의 지역별 분포는 표 4-5와 같다.

표 4-5 재료 및 구조형식, 지붕형태의 지역별 분포(단위: 호)

區分 \ 地域	구조형식				지붕형태					지붕재료				
	토담	목구조	블록조	計	초가	합각	모임	박공	計	초가	기와	함석	슬레트	計
全地域	36 (8.1)	374 (83.9)	36 (8.1)	446 (100.0)	3 (0.7)	13 (2.9)	420 (94.2)	10 (2.2)	446 (100.0)	3 (0.7)	103 (23.1)	104 (23.3)	236 (52.9)	446 (100.0)
島嶼地域	14 (4.7)	255 (85.9)	28 (9.4)	297 (100.0)	2 (0.7)	11 (3.7)	276 (92.9)	8 (2.7)	297 (100.0)	2 (0.7)	65 (21.9)	85 (28.6)	145 (48.8)	297 (100.0)
臨海地域	7 (10.4)	52 (77.6)	8 (11.9)	67 (100.0)		2 (3.0)	64 (95.5)	1 (1.5)	67 (100.0)		14 (20.9)	13 (19.4)	40 (59.7)	67 (100.0)
內陸地域	15 (18.3)	67 (81.7)		82 (100.0)	1 (1.2)		80 (97.6)	1 (1.2)	82 (100.0)	1 (1.2)	24 (29.3)	6 (7.3)	51 (62.2)	82 (100.0)

구조형식은 목구조가 전체의 약 84%로 대표적인 구조로 설명되며, 토담구조는 8%정도로 도서해안지역보다 내륙지역에 더 많이 분포되었다. 토담집은

건물의 전면벽은 목구조형식이고 측면과 배면의 벽체가 돌과 흙으로 벽을 쌓고 그 위에 서까래를 걸치고 지붕을 덮었다.

지붕구조 및 형태는 모임지붕이 94.2%로 가장 많고, 지붕재료는 슬레이트가 53%로 가장 많고 기와, 함석이 각각 23%로 비슷하게 나타났으며, 슬레이트와 함석지붕의 대부분은 새마을운동 이후 지붕개량사업에 의하여 개량한 것으로 지붕의 원형은 초가지붕으로 보는 것이 타당하다. 그러므로 지붕형식에서 모임지붕이 94%를 넘게 나타난 것은 초가지붕구조에서 볏짚이나 억새 등을 걷어낸 상태에서 지붕재료를 교체한 것으로 모임지붕의 구조와 형태가 결정된 것이다.

조사대상지역에 분포된 토속적인 농어촌주택의 원형은 건축용 구조재의 목재를 구하기 어려운 도서지역이나 산간지역에서는 일부 부유층의 주택을 제외하고는 건물 앞벽면에는 목재기둥을 사용하고 양옆면 및 뒷벽면에는 흙과

그림 4-2 토담 초가집(거제)

그림 4-3 토담집(거제), (상)
토담집(진해), (하)

돌로 쌓아올린 토담벽으로 하고 그 위에 서까래를 얹고 흙을 바른 후 겨릅과 볏짚을 사용하는 이엉을 엮어 지붕을 이었다. 초가지붕의 구조는 변경하지 않고 볏짚만 걷어내고 함석이나 슬레이트 등의 지붕재로 개량할 경우 나타나는 지붕형태는 자연적으로 모임지붕이 된다. 그러므로 이 지역에 형성된 풍토건축의 원형은 토담 및 목구조에 초가지붕으로 나타났다.

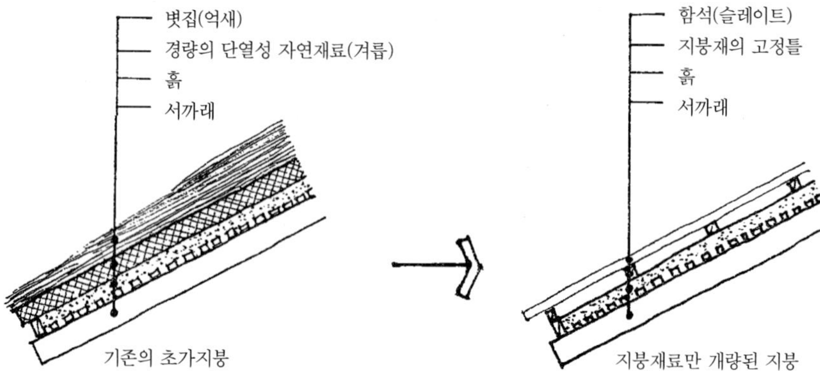

그림 4-4 초가지붕구조의 부분 단면도

외부공간의 규모

주택 내 각 건물의 배치에 의하여 만들어지는 외부공간에 대한 규모의 분석은 대지 내에 구성하는 내외부공간의 상대적 중요도나 그 성격을 파악하는데 하나의 척도가 될 수 있다. 대지의 중앙에 건물을 배치하지 않고 가장자리에 배치함으로 만들어지는 마당이 대표적인 외부중심공간이고, 그 외에 장독대가 한국전통주택의 고유한 공간으로 표현되고 있다.

마당은 위치에 따라 안마당, 뒷마당, 사랑마당 등으로 구분되지만 일반적인 농어촌주택의 경우로 안채, 아랫채, 부속건물 등에 의하여 둘러싸인 주된 공간이 된다. 마당의 면적은 대지규모와 건축면적에 영향을 받으며, 전지역 평균 47~60 m^2 로 대지가 비교적 큰 규모인 내륙지역이 역시 크게 차지하지만,

협소한 대지에서도 마당이 외부공간의 중심적인 요소로 형성되고 있음은 공간 형성에 있어서 풍토적 특성의 중요한 개념으로 파악된다.

표 4-6 지역별 주택 외부공간의 면적(단위: ㎡)

區分		全地域 (AA)	島嶼地域 (SS)	臨海地域 (SL)	內陸地域 (LL)
장독대면적	평 균	5.347	4.982	5.863	6.366
	중 앙 값	5.013	4.795	5.820	5.960
	최 빈 값	4.000	4.000	5.800	4.000
	표준편차	2.071	1.850	1.878	2.609
	첨 도	0.242	-0.084	-0.042	-0.691
	왜 도	0.669	0.509	0.290	0.549
	최 소 값	1.400	1.400	2.000	2.500
	최 대 값	12.500	9.900	10.700	12.500
	표 본 수	397	271	59	67
마당면적	평 균	49.809	46.751	50.328	60.463
	중 앙 값	46.250	43.750	47.750	56.250
	최 빈 값	32.000	32.000	59.000	75.000
	표준편차	20.504	19.925	18.723	20.586
	첨 도	0.532	1.130	2.065	-0.760
	왜 도	0.774	0.916	1.110	0.308
	최 소 값	7.000	7.000	20.000	24.000
	최 대 값	121.000	121.000	120.000	105.000
	표 본 수	446	297	67	82

대지 내에 건물을 배치하는 방식에 따라 마당이 만들어지고 안채의 부엌 주변에 장독대를 배치하며, 장독대의 규모는 지역별로 큰 차이가 없으며 평균 5~6 ㎡ 의 크기로 분포되었으며, 역시 전통적인 우리나라 주택의 외부공간 구성에 특징적인 주요소로 받아들여지고 있다.

건축공간의 구성

배치유형

대지 내의 건물배치는 단일건물만 있는 경우는 거의 없고 둘 이상의 건물이 대지의 조건에 맞게 배치되어 있다. 건물구성은 내륙지역에서는 "안채+아랫채+부속사"로 구성된 것이 52.4%로 가장 일반적인 현상이고, 임해지역에서는 "안채+아랫채" 와 "안채+아랫채+부속사" 가 많고, 도서지역에서는 "안채+아랫채" 와 "안채+부속사" 로 구성된 것이 많이 분포되었다.

안채는 방과 부엌이 있는 주건물主建物로서 주거기능을 위한 공간으로 구성되었고 몸채, 큰채, 윗채라고도 부르며 건물명칭에서 암시하는 것과 같이 주택 내에서 가장 크고 중요한 뜻의 상징적인 의미를 내포하고 있다. 아랫채는 안채 외에 방이 있는 건물로 주거기능과 작업에 필요한 비주거기능이 복합적으로 구성되었으며, 지역이나 대지 내의 건물 위치에 따라 사랑채, 행랑채, 문간채 등으로 부르고, 안채에 종속된 개념으로 명칭과 배치방법 등에 표현되고 있다. 부속사는 작업, 저장, 축사 등의 작업과 수납을 위한 공간으로 대지조건에 따라 다양한 규모와 형태로 구성되어 있다.

배치유형은 주거기능의 공간이 있는 안채와 복합적 기능을 갖고 있는 아랫채의 배치방법을 기준으로 분류하면 표 4-6과 같이 네가지 유형으로 분류

된다. 즉 아랫채가 없이 안채만 있는 "단일형", 안채의 좌측 혹은 우측면에 직각으로 배치되는 "직교형", 안채의 전면에 나란히 배치되는 "병열형", 안채의 좌(우)측면 및 전면에 두 건물이 배치되므로 직교형과 병열형이 복합된 "복합형"으로 분류하였다. 복합형은 비교적 대지가 넓고 건물의 규모나 동수가 많은 내륙지역에서 아랫채의 성격을 갖고 있는 건물이 둘일 경우 나타나는 배치방법이다. 또한 이와 같은 배치유형에서 부속건물이 세워지므로서 형성되는 외부공간의 형태 분류로, 마당 주위에 둘러싼 건물의 구성형태에 따라 "개방공간" "반개방공간" "준폐쇄공간" "폐쇄공간" 으로 분류하였으며, 이와 같이 안채 외에 건물들이 마당주위에 배치되므로 외부공간의 개방정도가 달라진다.

표 4-7 주택배치 유형

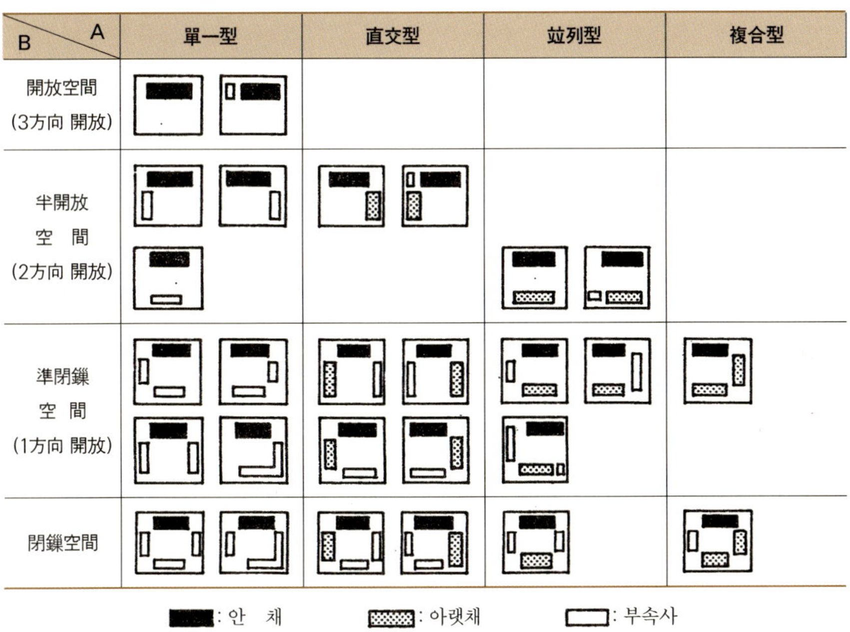

• 개방공간 : 一자형 배치로 대지 내에 안채만 배치된 경우로 안채의 앞마당은 3방향이 개방되어 있다.

• 반개방공간 : ㄱ자형 배치로 안채의 측면이나 전면에 따른 건물이 배

치된 경우로 이때 외부공간은 2방향으로 개방된다.

- 준폐쇄공간 : ㄷ자형 배치로 마당의 1방향만 개방되어 있다.
- 폐쇄공간 : ㅁ자형 배치로 마당주위에 4면으로 一자형 건물이 둘러싼 경우이다.

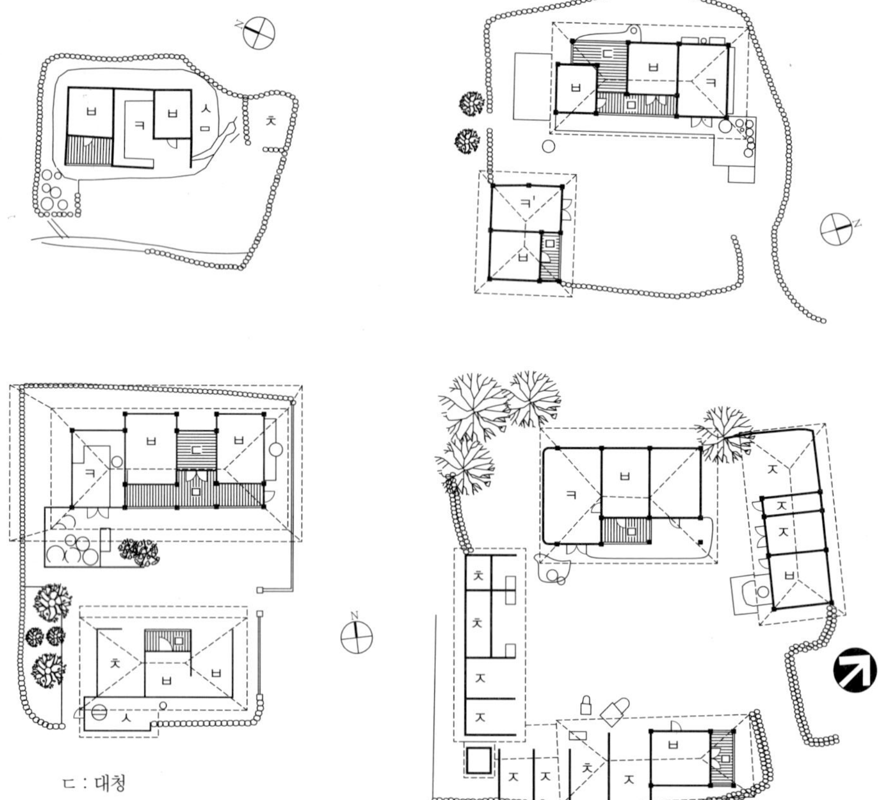

ㄷ : 대청
ㅁ : 마루(툇마루)
ㅂ : 방
ㅅ : 변소
ㅈ : 저장공간(교방, 창고, 헛간)
ㅊ : 축사
ㅋ : 부엌　　ㅋ' : 작은부엌

①	②
③	④

① 單一型 : 경남 의창군 천가면 천성리 서중부락
② 直交型 : 경남 거제군 장목면 유호리 하류부락
③ 並列型 : 경남 고성군 삼산면 두포리 포교부락
④ 複合型 : 경남 합천군 봉산면 김봉리 상김봉

그림 4-5 주택배치유형의 실례

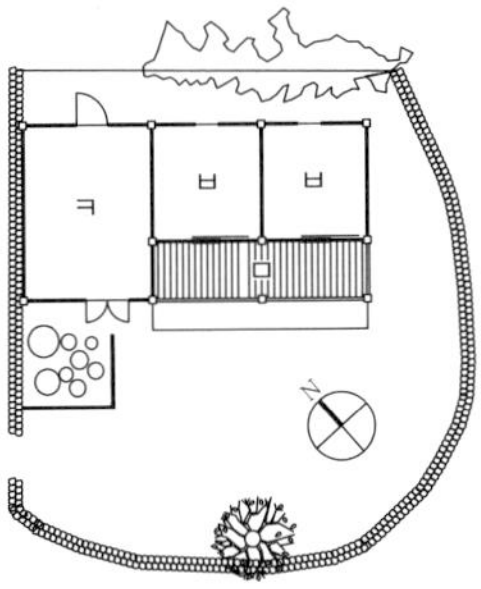

통영군 욕지면 동항리

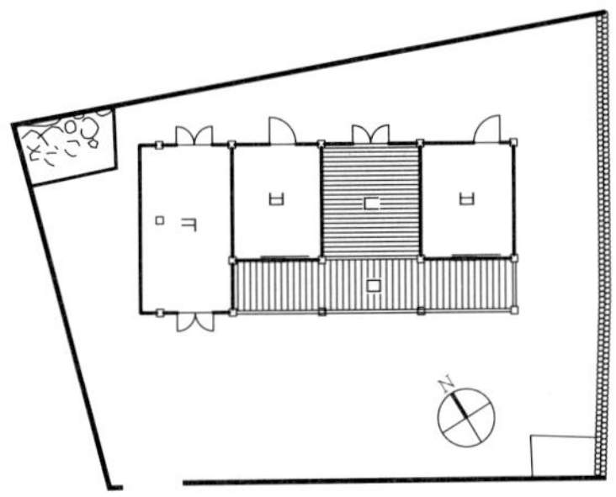

통영군 사량면 금평리

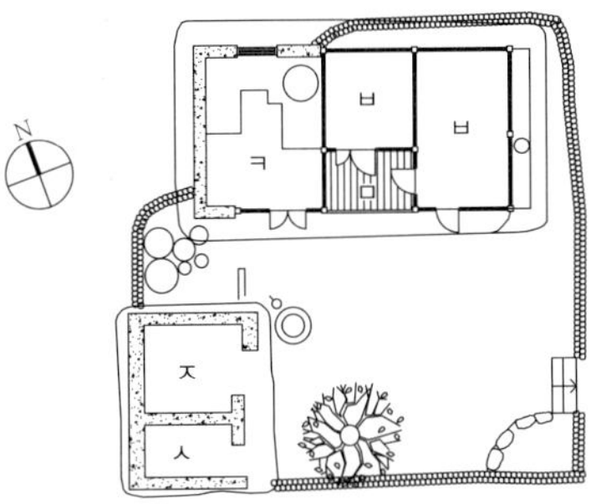

의창군 천가면 천성리

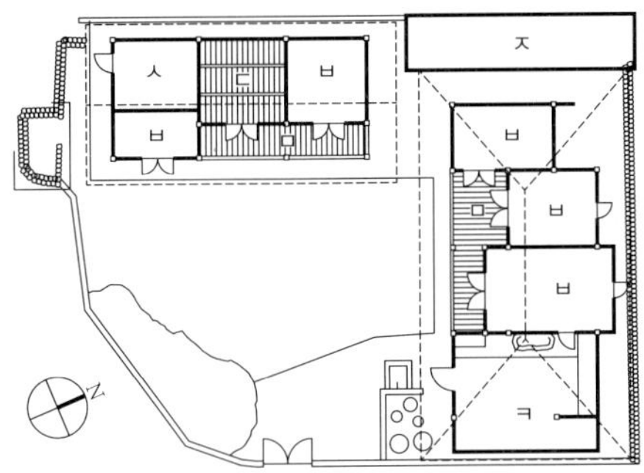

남해군 이동면 원천리

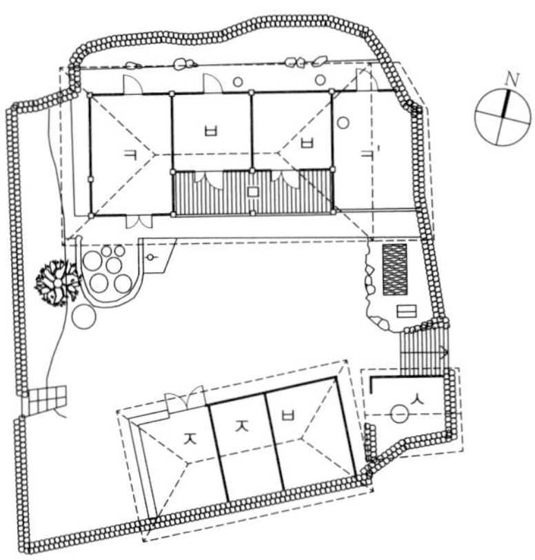

의창군 천가면 천성리

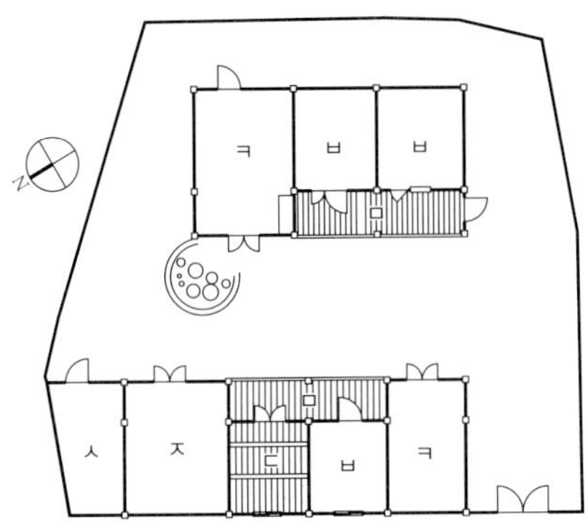

통영군 산양면 연대도

그림 4-6 주택배치 공간형태의 실례(1)

그림 4-7 주택배치 공간형태의 실례(2)

마당을 둘러싼 주택배치의 공간형태는 도서지역과 임해지역에서는 "반개방공간"이 주로 분포되었고, 내륙지역에서는 "준폐쇄공간"이 가장 많이 나타났으며, "개방공간"은 내륙지역에서는 전혀 없었고 대지 및 건축면적이 협소한

해안지역에서만 분포되었다.

한 대지에 여러 채의 건물이 배치된 것은 일시적으로 건축한 것이 아니고 영농방식, 영농규모의 확장, 경제적 여건의 변화 등으로 생활해 가면서 단계적으로 안채 이외의 건물을 첨가하는 결과로 볼 수 있다. 어떠한 배치유형이든지 공통적인 법칙성은 대지 내에서 지세의 흐름으로 보아 가장 중심적인 높은 위치에 안채를 우선적으로 배치하고 대지의 물리적 조건 과 그 지역의 미기후 등의 풍토적 특성에 따라 아랫채, 부속사 등의 위치가 정하여진다. 아랫채는 배치유형에서 본 바와 같이 안채의 좌, 우측면이나, 전면에 배치하고 주거공간의 보완적 기능으로 안채의 기단보다 낮은 기단 위에 세워지고 건물의 높이도 반드시 안채의 용마루선보다 높지 않아야 되는 주主와 부副의 위계성을 공간의 상징적 의미에서 뿐만 아니라 토속적인 자연스런 건축의 외부형태에서도 중요한 개념으로 표현되고 있다.(그림 4-7)

그림 4-8 안채와 아랫채

안채의 좌향坐向을 기준으로 한 주택방위의 지역별 분포는 표4-8과 같이 마을단위의 소지역별로는 일정한 범위에 집중적인 분포를 보이고, 전체적으로는 지역조건이 다르므로 각 방위별로 다양하게 분포되었다. 지형지세에 의하여 결정되는 마을 전체의 주된 향에 각 주택의 배치도 거의 일치하고 있음을 알 수 있다.

표 4-8 주택방위(안채)의 지역별 분포(단위: 호)

方位 地域	N	NNE	NE	ENE	E	ESE	SE	SSE	S	SSW	SW	WSW	W	WNW	NW	NNW	
全地域 (%)	13 (2.9)	12 (2.7)	37 (8.3)	17 (3.8)	14 (3.1)	18 (4.0)	38 (8.5)	53 (11.9)	36 (8.1)	49 (11.0)	61 (13.7)	28 (6.3)	13 (2.9)	12 (2.7)	27 (6.1)	18 (4.0)	446 (100.0)
SS	9 (3.0)	11 (3.7)	33 (11.1)	15 (5.1)	12 (4.0)	8 (2.7)	20 (6.7)	27 (9.1)	26 (8.8)	34 (11.4)	40 (13.5)	13 (4.4)	8 (2.7)	9 (3.0)	18 (6.1)	14 (4.7)	297 (100.0)
SL	3 (4.5)		2 (3.0)		1 (1.5)	4 (6.0)	5 (7.5)	8 (11.9)	2 (3.0)	9 (13.4)	13 (19.4)	8 (11.9)	2 (3.0)	3 (4.5)	4 (6.0)	3 (4.5)	67 (100.0)
LL	1 (1.2)	1 (1.2)	2 (2.4)	2 (2.4)	1 (1.2)	6 (7.3)	13 (15.9)	18 (22.0)	8 (9.8)	5 (7.3)	8 (9.8)	7 (8.5)	3 (3.7)		5 (6.1)	1 (1.2)	82 (100.0)
SN	6 (4.8)	11 (8.7)	21 (16.7)	12 (9.5)	6 (4.8)	5 (4.0)	8 (6.3)	6 (4.8)		7 (5.6)	11 (8.7)	8 (6.3)	6 (4.8)	6 (4.8)	10 (7.9)	3 (2.4)	126 (100.0)
SY			4 (8.3)	3 (6.3)	4 (8.3)	2 (4.2)	4 (8.3)	5 (10.4)	11 (22.9)	4 (8.3)	6 (12.5)	1 (2.1)		3 (6.3)		1 (2.1)	48 (100.0)
SH	3 (3.4)		7 (8.0)		1 (1.1)	1 (1.1)	4 (4.5)	13 (14.8)	7 (8.0)	6 (6.8)	17 (19.3)	5 (5.7)	4 (4.5)	3 (3.4)	9 (10.2)	8 (9.1)	88 (100.0)
SR			2 (4.3)		1 (2.2)		4 (8.7)	5 (10.9)	4 (8.7)	12 (26.1)	13 (28.3)	3 (6.5)				2 (4.3)	46 (100.0)
SK								1 (6.7)	4 (26.7)	9 (60.0)		1 (6.7)					15 (100.0)
SD	3 (23.1)								1 (7.7)	1 (7.7)		3 (23.1)			2 (15.4)	3 (23.1)	13 (100.0)
SJ			1 (7.1)		1 (7.1)	3 (21.4)	2 (14.3)	3 (21.4)	1 (7.1)	2 (14.3)					1 (7.1)		14 (100.0)
SM						1 (7.1)	3 (21.4)	2 (14.3)		2 (14.3)	6 (42.9)						14 (100.0)
LC	1 (3.8)	1 (3.8)	2 (7.7)	2 (7.7)	1 (3.8)			2 (7.7)		2 (7.7)	4 (15.4)	3 (11.5)	2 (7.7)		5 (19.2)		26 (100.0)
LG									2 (16.7)	1 (8.3)	4 (33.3)	4 (33.3)	1 (8.3)				12 (100.0)
LB						3 (15.8)	4 (21.1)	6 (31.6)	4 (21.1)	2 (10.5)							19 (100.0)
LV						3 (12.0)	9 (36.0)	10 (40.0)	2 (8.0)	1 (4.0)							25 (100.0)

*): 주택의 방위는 안채의 좌향(坐向)을 기준으로 하였다.

주택배치에서 일조를 위한 남향배치가 일반적이고 원칙적인 통념으로 되어 있으나 주변 지형이 평지가 아니고 경사지일 경우에는 중심적인 건물인 안채의 주방향이 지형지세의 흐름에 순응하는 방향으로 배치되고 있다. 특히 도서 해안지역이나 내륙지역의 경사지에 입지한 주택의 배치는 안채가 대지내의 중심적인 위치에 지세의 흐름에 순응하는 방향으로 놓이고 아랫채, 부속사 등이 그 지역의 주풍향을 막는 위치에 배치되었다. 그러므로 해안지역에는 강한 해풍을 막기 위하여 안채의 전면에 아랫채를 나란히 배치한 병열형이 주로 분포되었다. 인접한 대지의 지형이 서로 다를 때 인위적인 방법에 의하여 서로 일정한 방향으로 배치하지 않았으며 자연을 지배하는 것보다는 자연의 일부로 생각하는 풍토건축의 일반적인 개념이 표현되고 있는 것이다. 표 4-4와 같이 주건물인 안채의 좌향은 남향을 중심으로 남동에서 남서 방향에 주로 분포 되었지만 다양한 지세에 따라 16방위의 모든 방향에 골고루 분포되었음을 알 수 있다.

평면유형

건축물은 기본적으로 구조체와 공간으로 되어 있으며 공간은 구조체 없이는 있을 수 없고, 구조체가 있으면 반드시 공간이 존재한다. 이러한 표리의 관계로 구조체의 구성방법에 의하여 내부공간과 외부공간이 만들어지며 상호 유기적인 관련을 갖는다.

주거건축에서 주거공간의 주기능을 갖고 있는 안채의 평면유형은 해안지역과 내륙지역을 포함한 전지역에서 "단열일자형單列一字型"으로 되어 있으며, 전면 칸수와 평면구성에 의하여 그림 4-8과 같이 분류하였다.

안채의 평면형태는 전면3칸의 "부엌+방+방"이 56.7%로 전지역에 걸쳐 넓게 분포된 유형이고, 다음으로 많은 것은 남부지방의 일반적인 평면유형으로 분류되는 "부엌+방+대청+방"으로 12.1%로 나타났다.

전면4칸형에서 두 방 사이에 있는 대청은 일부지역에서 안청이라고도 하며 일반적으로 주거용의 거실성격을 갖는 대청(마루방)보다는 마루바닥으로 된 저장공간으로 활용되고 있다. 대청이 없는 평면유형에서는 툇마루의 한 칸은 툇마루의 깊이를 방쪽으로 넓혀 방은 작아지지만 마루에서의 생활공간을 확장 시켰다.(그림 4-9) 툇마루의 깊이가 안쪽으로 확장되지 않을 경우는 툇마루 높이와 같게 이동식의 평상을 만들어 툇마루 외부 끝에 붙여 사용하고 있다.(그림 4-10) 이와 같은 생활공간의 행태적 특성은 외부에 노출되어 직접 외기에 접하는 툇마루에서의 활동공간을 중요시하였으며, 낮 동안에는 폐쇄적인 방안보다 개방적인 툇마루의 이용이 많음을 설명하고, 이것이 가능한 것은 이 지역의 온화한 기후에도 영향받고 있음을 알 수 있다.

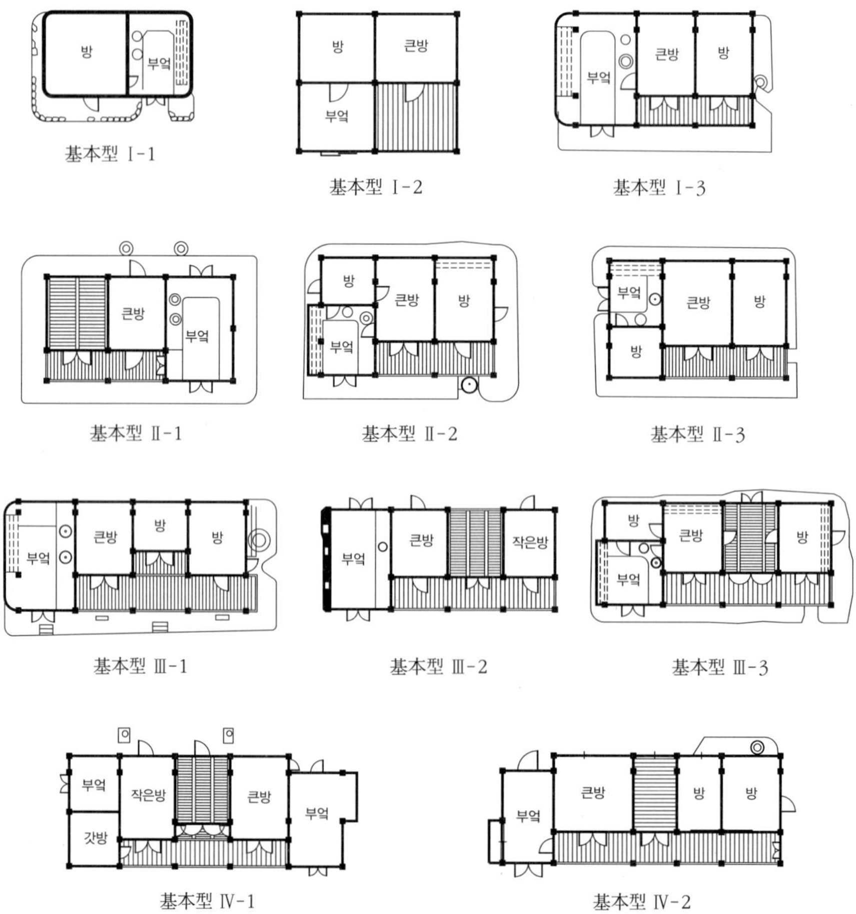

그림 4-9 평면형태의 기본형의 실례

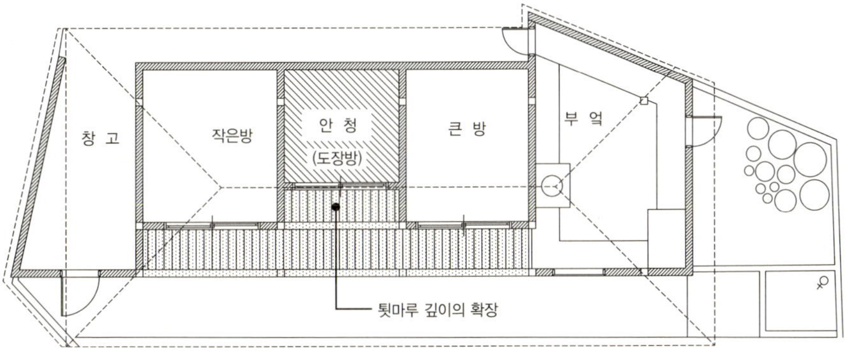

그림 4-10 툇마루 깊이의 확장

그림 4-11 평상

아랫채의 평면구성은 아랫방(사랑방), 고방(광, 창고), 두지(벼 등 곡식 저장용의 창고), 외양간(축사) 등으로 단열一자형(홑집구조)과 복열二자형(겹집구조)이 있으며 대지의 조건에 따라 평면구성이 다양하게 나타난다.

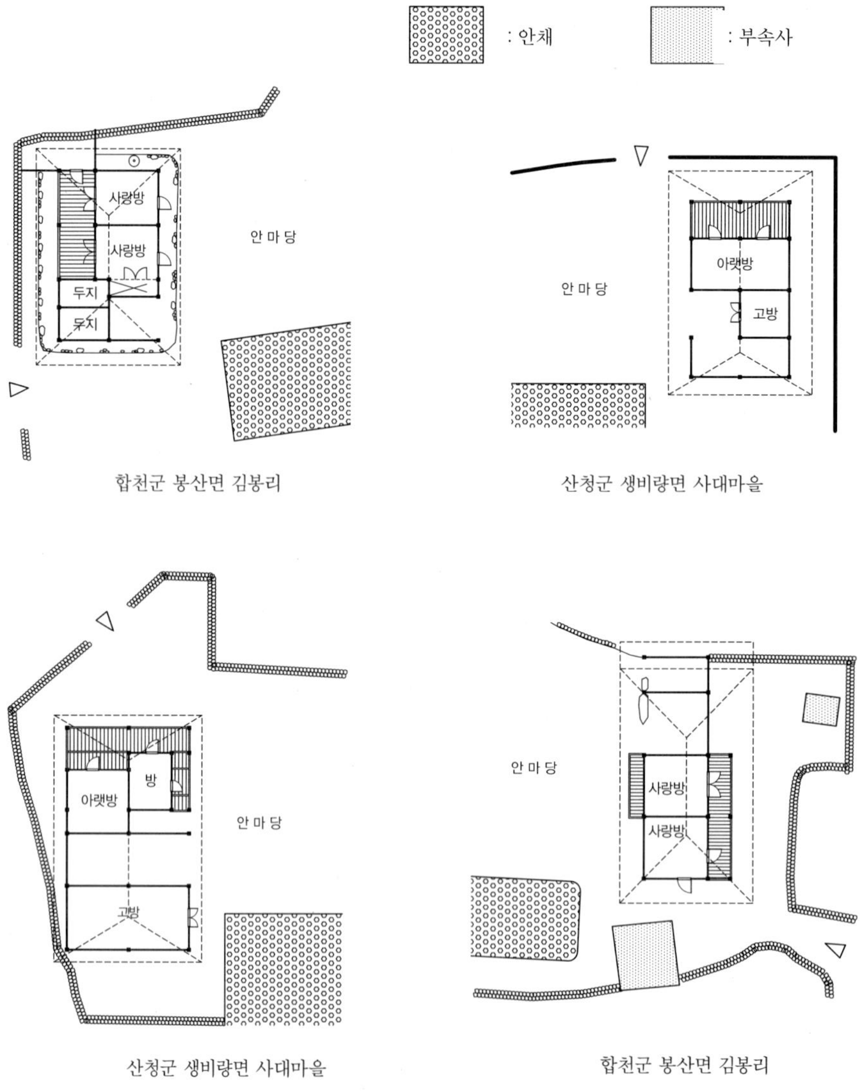

그림 4-12 사랑방의 위치 및 향(1)-직교형 배치

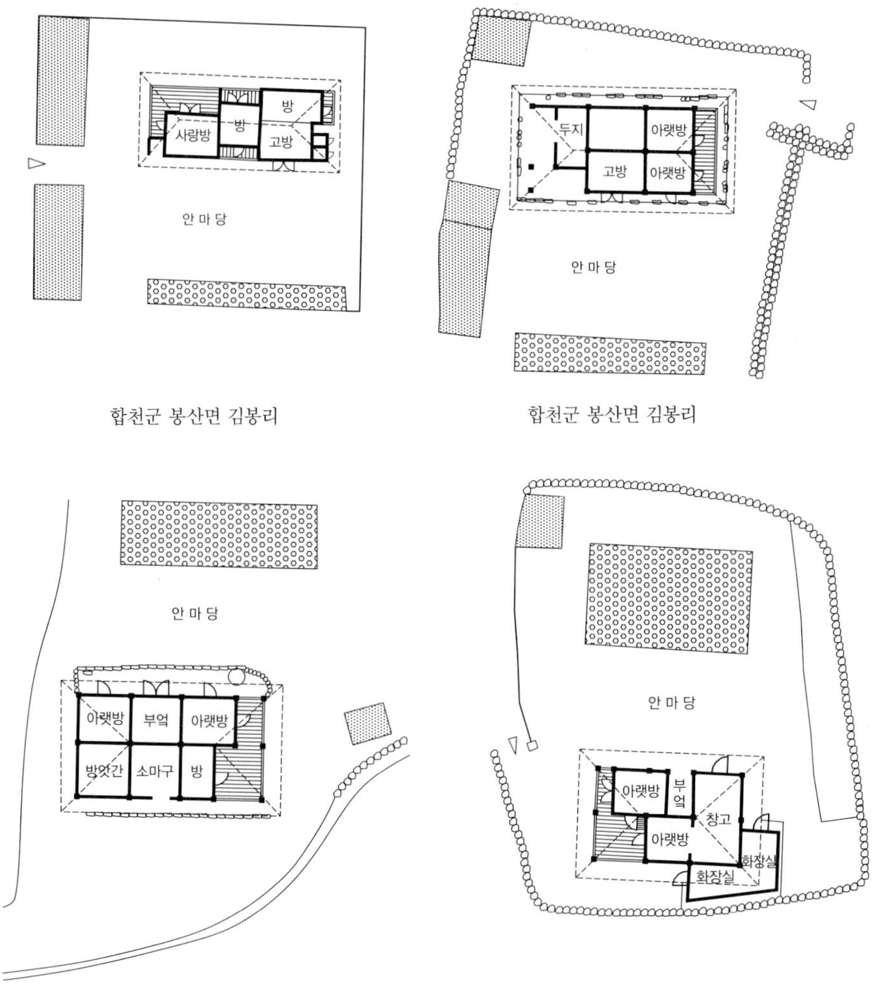

합천군 봉산면 김봉리

합천군 봉산면 김봉리

고성군 삼산면 두포리 덕산마을

고성군 삼산면 두포리 포교마을

그림 4-13 사랑방의 위치 및 향(2)-병열형 배치

아랫채의 공간적 성격은 주거기능 및 작업을 위한 복합적인 공간으로, 안채는 홑집구조이지만 아랫채는 겹집구조로 하여 안마당과 구별된 사랑마당이 별도로 없으면서도 좁은 대지 안에서 사랑방의 독립적인 공간구성에 의하여 효율적으로 공간구분을 시도한 경우도 있다. 예를 들면 아랫채의 방 배치에서 사랑방이나 사랑방 앞의 마루에서 안채의 내부공간과 안마당이 직접 시선에 들어오지 않도록 사랑방의 위치와 출입문의 향을 적절하게 배치하였다. 그러므로 남성중심의 공간과 여성중심의 공간으로 일컬어지는 안채와 사랑채를 독립적으로 구별하여 독립성을 확보하였으며, 사랑방의 전면은 대문을 통한 출입상황을 집안에서 가장 먼저 접할 수 있도록 배치하였다. 안채, 안마당, 아랫채, 대문의 배치에서 사랑방의 위치 및 향에 대한 내용이 반영된 대표적인 실례는 그림 4-12, 그림 4-13과 같다.

건축공간의 변화

생활에 대응하는 건축공간은 인간의 생활이 변화하고 발전하게 되면 생활과의 대응관계가 무너져 새로운 생활상에 적합한 새로운 건축공간으로 유도하게 된다. 지역성이 강한 물리적 환경인자의 풍토적 요소가 변하지 않더라도 기술개발과 관습, 의식구조, 사회제도, 생활내용 등의 인위적인 사회·문화적인 환경요소가 변할 때 건축공간의 구성 및 형태는 새로운 유형으로 나타나게 된다. 그러므로 동일한 자연환경 조건하에서도 시대에 따라 내적으로 요구되는 생활상과 외적으로 제한 받는 정치, 경제, 사회, 풍속, 종교, 법규 등의 사회、문화적 환경과 건축구조, 재료, 공법 등의 기술개발 정도는 건축공간 형태의 결정에 커다란 영향을 미치고 있다.

이와 같이 풍토적 특성이 표현된 주거건축의 공간 및 형태에도 사회환경의 변화와 발전에 의하여 부분적으로 변용되고 있으며 그 내용은 다음과 같다.

- 단위공간의 면적이 협소하여 같은 기능을 갖는 공간으로 확장함(방, 부엌에서 많이 나타남)
- 기존의 단위공간을 다른 용도의 단위공간으로 기능을 변경함(마루방→온돌방, 툇마루→온돌방으로 확장)
- 기존의 단위공간을 다른 용도로 변경하고 다시 기존의 기능과 같은

단위공간을 증축함(부엌의 넓은 공간을 온돌방으로 하고 부엌은 그 측면 외벽에 증축함)

- 안채의 측면 외벽에 블록조로 증축하여 새로운 기능의 공간을 만듦(온돌방, 수납공간의 증축)
- 안채의 외벽과 담장사이의 공간에 처마를 연장하여 지붕이 있는 외부공간이 만들어지고 주로 농어촌생활에 쓰이는 잡다한 물건들의 저장공간으로 활용되며 대지가 협소한해안지역의 주택에서 많이 나타나고 있음(안채의 측면 혹은 후면의 외부공간을 최대로 활용하고 있음)
- 안툇마루 형식의 사용(기존의 툇마루는 외부에 노출되어 있으나 안툇마루는 실내공간으로 사용하며, 툇마루를 개조하거나 신축건물에 많이 나타나고 있음)
- 두 개의 방을 하나로 틔어서 사용함(인접한 두 방을 하나로 사용함)
- 건물구조부의 변경 및 건물전면의 외관을 개조함(토담, 목구조→블록조)
- 취사용 연료의 변화에 의한 부엌시설의 변화(나무→연탄→가스/전기, 재래식 부엌→입식부엌)
- 생활양식의 변화(좌식생활→입식생활, 재래식 변소→수세식 화장실)

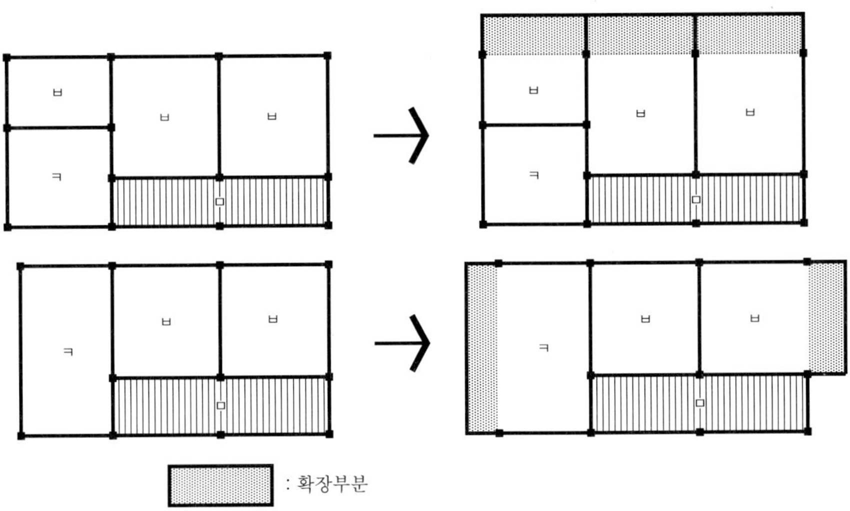

그림 4-14 단위공간의 면적 확장

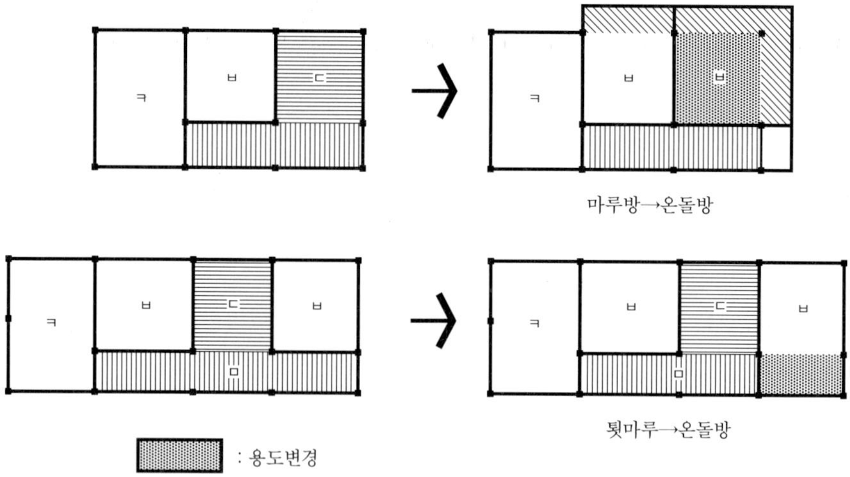

그림 4-15 단위공간의 용도변경

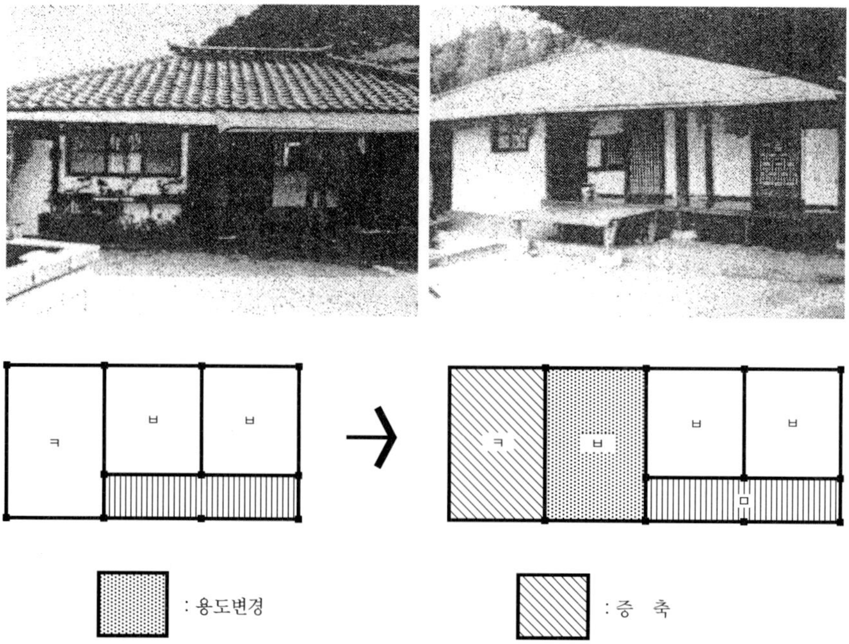

그림 4-16 단위공간의 용도변경 및 증축

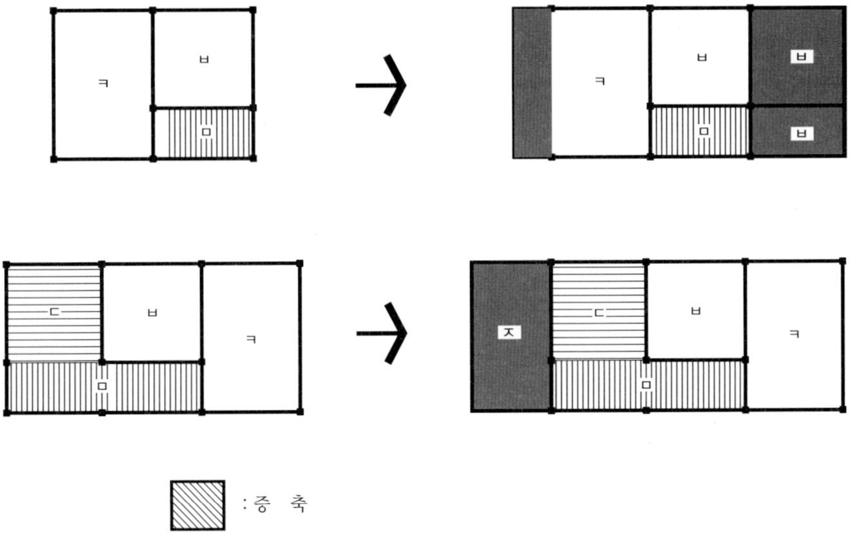

그림 4-17 단위공간의 증축

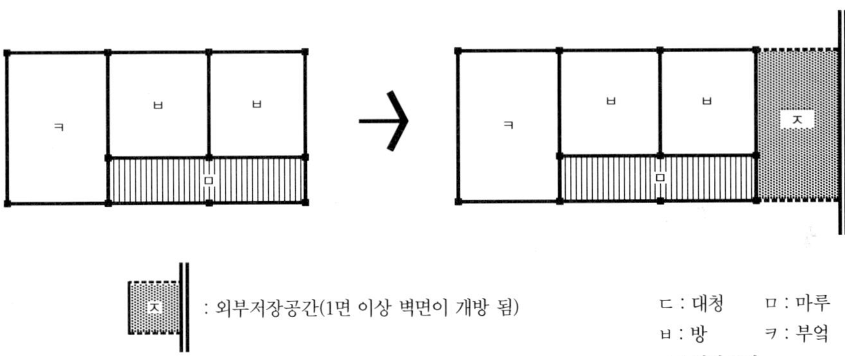

그림 4-18 외부저장공간

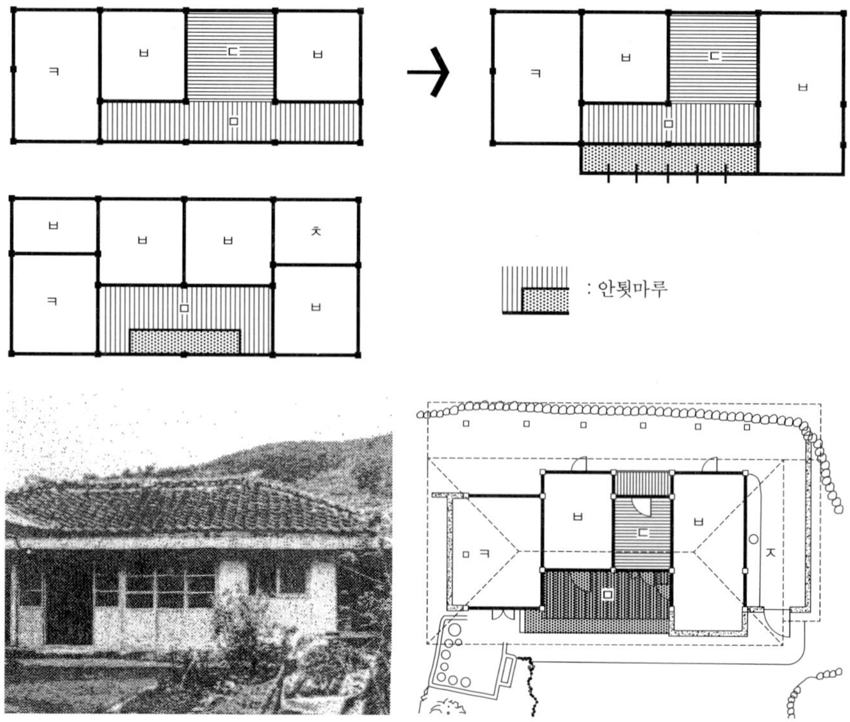

그림 4-19 안툇마루

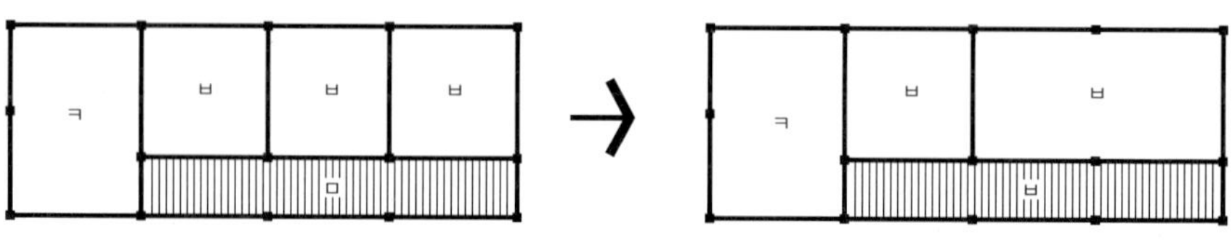

그림 4-20 두 방의 통합

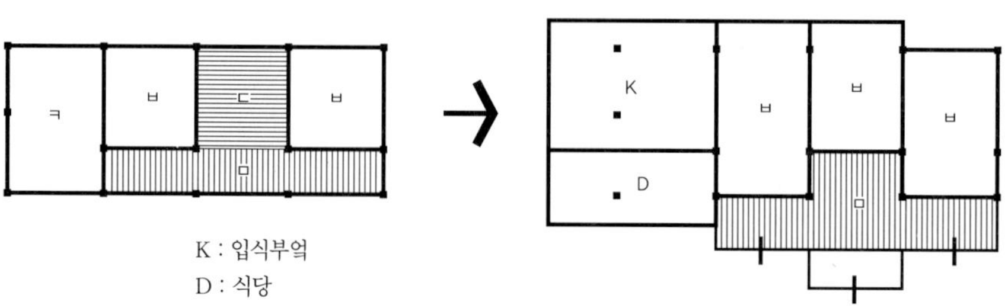

그림 4-21 구조부의 변경(목구조→블록조)

건축공간의 형태

건축공간의 규모와 마찬가지로 공간의 형태는 지각되는 공간감의 질에 영향을 미친다. 린치Lynch에 의하면 외부공간의 지각적 형태에는 수평적 공간의 스케일 인식, 수직적 공간의 인식, 비례와 스케일, 폐쇄성, 빛, 인공조명, 시각 이외에 다른 감각들, 상징적인 부가적 의미, 시점, 시각적 연속, 지형, 바닥의 질감, 물, 수목, 식수계획 등을 들 수 있다. 내부공간이나 외부공간의 지각적 체험은 시각, 청각, 촉감을 통한 공간의 체험이며, 공간의 형상이나 비례에 따라 지각되는 성격이 달라진다. 그러므로 대상지역에서 실측한 주거건축 형태에 표현되어 있는 내외부공간의 형태적 특성을 통계적 해석방법에 의하여 분석한 결과는 다음과 같다.

내부공간의 수평적 형태

방의 수평적인 크기와 형태는 방의 폭과 깊이에 의하여 정하여지므로 방의 전면 폭을 X, 방의 깊이 방향의 길이를 Y 로 하여, X와 Y에 대한 값을 일정구간 별로 분포상황을 쉽게 볼 수 있도록 그림 4-21과 같이 전지역에 대한 상관분포도를 표현하였다. 전지역에 분포된 방의 전면폭은 평균 2.4~2.6m로 내륙지역이 가장 크고, 방의 깊이는 평균 2.8m로 전지역이 거의 같은 범위에 분포되었으며, 최빈값은 2.40x2.70m 로 나타났다.

일반적으로 부엌은 방보다 큰 규모로 전지역 평균 2.60x3.60m 이며 최빈값은 2.50x4.00m 로 가장 큰 단위공간으로 나타났다. 툇마루의 깊이는 비교적 일정한 범위에 집중 분포되었으며 전지역이 평균 1.18m 이고, 내륙지역은 평균 1.35m 로 도서해안지역보다 넓은 편이었다.

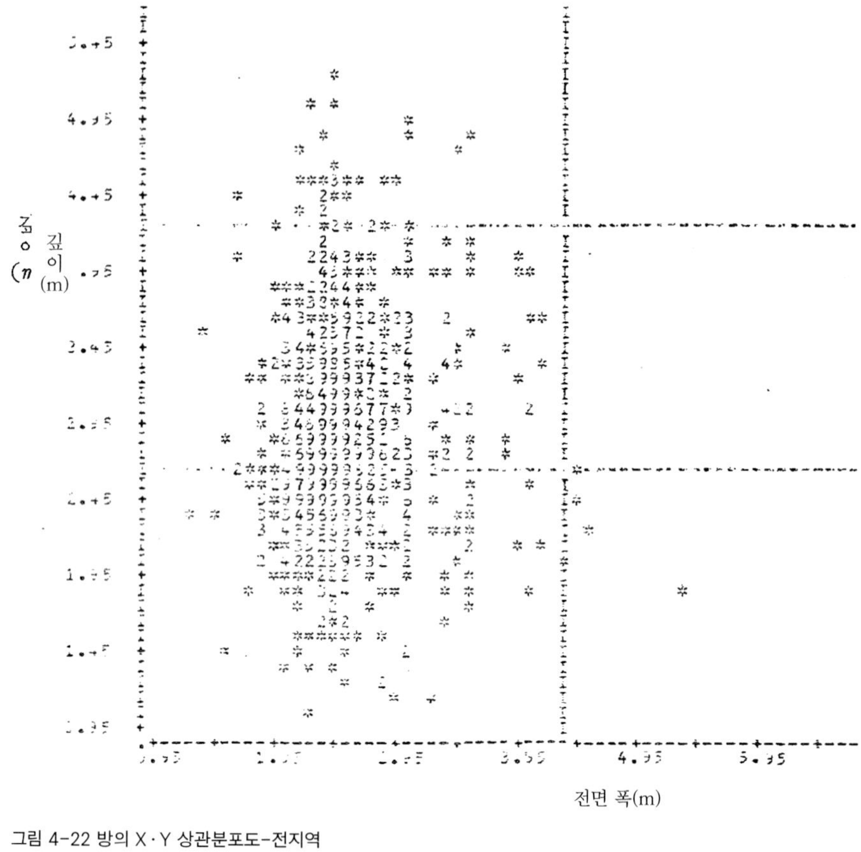

그림 4-22 방의 X·Y 상관분포도-전지역

표 4-9 방의 크기(단위: *m*)

區分	地域	全地域 (AA)	島嶼地域 (SS)	臨海地域 (SL)	內陸地域 (LL)
X 1	평균	2.466	2.447	2.405	2.583
	중앙값	2.413	2.402	2.380	2.484
	최빈값	2.400	2.400	2.400	2.500
	표준편차	0.378	0.349	0.138	0.452
	첨도	6.389	8.344	8.837	2.228
	왜도	1.721	1.801	1.931	1.298
	최소값	1.200	1.300	1.200	1.600
	최대값	5.300	5.300	4.440	4.400
	표본수	1.479	970	234	275
X 2	평균	2.352	2.349	2.277	2.426
	중앙값	2.362	2.358	2.322	2.410
	최빈값	2.400	2.400	2.400	2.400
	표준편차	0.324	0.297	0.315	0.401
	첨도	3.099	2.988	3.295	1.933
	왜도	0.223	0.163	-0.636	0.444
	최소값	1.000	1.100	1.000	1.200
	최대값	3.900	3.900	3.600	3.900
	표본수	1.479	970	234	275
Y 1	평균	2.804	2.825	2.758	2.769
	중앙값	2.739	2.761	2.683	2.694
	최빈값	2.700	2.700	2.600	2.400
	표준편차	0.575	0.562	0.615	0.585
	첨도	1.210	1.420	1.033	0.705
	왜도	0.576	0.638	0.474	0.399
	최소값	1.000	1.100	1.000	1.200
	최대값	5.200	5.200	4.700	4.800
	표본수	1.479	970	234	275
Y 2	평균	2.918	2.924	2.885	2.927
	중앙값	2.807	2.819	2.758	2.811
	최빈값	2.500	2.700	2.400	2.500
	표준편차	0.515	0.506	0.542	0.527
	첨도	1.566	2.048	1.233	0.500
	왜도	1.124	1.228	1.115	0.837
	최소값	1.500	2.000	1.500	1.800
	최대값	5.300	5.300	4.700	4.800
	표본수	1.479	970	234	275

X 1 : 방의 전면폭, X 2 : 방의 폭과 깊이 중 작은 값, Y 1 : 방의 깊이, Y 2 : 방의 폭과 깊이 중 큰 값

내부공간의 형태비

주거공간의 대표적인 온돌방의 형태비를 장변/단변으로 구하였다. 온돌방의 형태비는 전지역이 비슷하게 나타났고 최빈값은 1.0. 평균값은 1.25로 방의 폭보다 깊이가 1.25배 긴 형태로 나타났으며, 전지역의 75.6%가 1.0~1.35의 범위에 분포되었다. 부엌의 형태비는 평균 1.50이고 전지역의 68.7%가 1.15~1.75의 범위에 분포되었다.

내외부공간의 수직요소

주택의 입면 및 각 부위의 높이를 결정하는 내외부공간의 수직적 요소로서 기단높이, 마루높이, 벽면높이, 처마높이, 담장높이에 대한 실측자료를 조사분석한 내용은 표 4-10과 같다. 기단높이는 도서지역이 평균 약 17㎝로 가장 낮고, 내륙지역의 평균높이는 44.3㎝로 내륙으로 갈 수록 높게 나타났다. 마루의 높이도 전지역의 평균높이는 46㎝이며 도서지역은 44㎝, 내륙지역은 52㎝로 내륙지역이 해안지역보다 높게 나타났다. 천정높이는 평균 약2.0m로 전지역이 거의 같은 높이로 되어 있으나 처마높이는 도서해안지역에서 내륙지역으로 갈수록 높고, 담장높이는 평균 1.4~1.6m로 해안지역이 내륙지역보다 더 높게 나타났다. 이와 같은 높이의 변화는 해안지역과 내륙지역의 미기후적 차이를 반영한 건축형태의 조절방법으로 내륙에서보다 해안지역의 강한 해풍에 대한 영향이 나타난 것으로 볼 수 있다.

외벽면 구성요소

외벽면의 구성은 건축물의 외부형태를 결정하는 요소로서 그 지역의 고유하고 독특한 유형의 건축형태를 표현하며 풍토적 특성을 규정하는 역할을 한다. 외벽면의 구성요소는 전지역이 전체적으로 유사한 공통된 형태를 갖고 있으며 구체적인 상세는 다소 차이를 보이고 있다.

표 4-10 내외부공간의 수직요소(단위: *m*)

區分	地域	全地域 (AA)	島嶼地域 (SS)	臨海地域 (SL)	內陸地域 (LL)
기단높이	평　균	0.250	0.169	0.210	0.443
	중 앙 값	0.198	0.104	0.180	0.404
	최 빈 값	0.100	0.100	0.150	0.300
	표준편차	0.189	0.109	0.126	0.213
	첨　도	2.185	19.493	2.132	-0.509
	왜　도	1.576	3.334	1.564	0.322
	최 소 값	0.050	0.050	0.050	0.100
	최 대 값	1.000	1.000	0.600	0.900
	표 본 수	299	176	41	82
마루높이	평　균	0.460	0.443	0.417	0.521
	중 앙 값	0.495	0.410	0.404	0.503
	최 빈 값	0.500	0.500	0.400	0.500
	표준편차	0.092	0.083	0.085	0.089
	첨　도	-0.286	-0.009	0.664	-0.440
	왜　도	0.080	-0.031	0.499	-0.307
	최 소 값	0.200	0.200	0.230	0.300
	최 대 값	0.700	0.700	0.650	0.700
	표 본 수	319	197	41	81
천정높이	평　균	2.007	2.000	2.005	2.024
	중 앙 값	1.983	1.908	1.910	2.036
	최 빈 값	1.900	1.900	1.900	2.100
	표준편차	0.232	0.257	0.250	0.143
	첨　도	0.981	0.213	2.782	2.464
	왜　도	0.782	0.658	1.695	0.441
	최 소 값	1.400	1.400	1.700	1.600
	최 대 값	2.800	2.800	2.800	2.500
	표 본 수	317	197	41	79
처마높이	평　균	2.255	2.130	2.262	2.698
	중 앙 값	2.198	2.102	2.204	2.702
	최 빈 값	2.100	2.100	2.200	2.500
	표준편차	0.312	0.197	0.181	0.335
	첨　도	1.980	1.431	0.435	0.026
	왜　도	1.249	0.626	0.599	0.281
	최 소 값	1.600	1.600	1.900	2.100
	최 대 값	3.550	2.900	2.830	3.550
	표 본 수	445	296	67	82
담장높이	평　균	1.518	1.578	1.648	1.393
	중 앙 값	1.560	1.565	1.697	1.480
	최 빈 값	1.600	1.500	1.700	1.600
	표준편차	0.278	0.224	0.179	0.311
	첨　도	1.500	1.900	-0.486	0.661
	왜　도	-0.987	-0.917	-0.272	-0.641
	최 소 값	0.600	0.860	1.300	0.600
	최 대 값	2.200	1.900	2.000	2.200
	표 본 수	125	32	38	55

전통적인 주거건축은 지금의 서구식 주택과 같은 현관이 별도로 없으므로 내외부단위공간의 출입은 서로 독립하여 모든 실은 직접 외부와 출입함으로써 문(door, 사람과 물건의 출입)과 창문(window, 바람과 빛의 출입, 환기, 채광, 일조 등 환경조절기능)이 기능적으로나 형태적으로 명확한 구분이 되지 않고 동시에 충족시켜야 하는 복합적 성격을 갖고 있다. 그러므로 출입문은 내부공간의 평면구성이나 외벽면의 의장적 특성을 표현하는 주요한 요소가 된다.

전지역에 분포된 전통적인 주택의 전면 벽면의 구성으로 방의 전면벽은 주출입을 위한 방문이 양 기둥 사이의 중앙에 외여닫이 혹은 쌍여닫이로 설치되고, 방문은 대부분 띠살문의 형태이고, 그 외 부분은 흙벽으로 되어 있으므로 기둥과 기둥 사이의 한 칸의 입면은 "벽+문+벽"의 패턴으로 된다. 안채에서 방과 방 사이가 대청으로 된 경우는 전면은 문 없이 개방되었고 뒷벽면은 겨울철 북풍을 막기 위하여 판장벽과 판장문을 달았다. 대청이 저장공간의 성격을 갖는 안청일 경우는 전면벽은 양 기둥 사이를 전부 문으로 하거나 가운데 문을 달고 양 벽은 판장벽으로 하고 문턱의 높이도 방문보다 높게 하는 경우가 많다. 부엌의 전면벽은 가운데에 양여닫이의 판장문으로 하고 나머지 벽면은 판장벽으로 하며 벽면 상부에 나무를 연료로 사용하므로 연기가 잘 나갈 수 있도록 넓은 환기구를 둔다. 부엌의 측면벽도 판장벽이나 토담으로 쌓고 벽상부에 자연환기가 될 수 있도록 넓은 환기구를 둔다.

안방의 방문 옆에 설치되는 대창문은 경남의 남부해안지역에서 볼 수 있으며 작은 문으로 큰 방문을 열지 않고 밖의 동정을 살필 수 있는 장점이 있다. 대창문의 위치는 방문에서 부엌이 있는 방향의 벽면에 설치하며 방안의 아랫목에서 방문을 열지 않고 앉은 상태에서 이 문을 통하여 밖을 내다보기에 편리한 위치로 되어 있다. 명칭은 곳에 따라 도창문, 되창문, 호령창, 봉창 등으로 부르고 있다.

벽면의 중요한 구성요소인 방문의 크기에 관한 대표값은 외여닫이인 경우에 방문의 폭은 평균 66㎝, 최빈값 60㎝, 방문의 높이는 평균 1.35m, 최빈값 1.40m이고, 쌍여닫이인 경우에는 방문의 폭은 평균 1.17m, 최빈값 1.10m, 방문의 높이는 평균 1.47m, 최빈값 1.50m로 나타났다. 그러므로 방문을 출입할 때는 고개를 숙이고 들어가지 않으면 부딪치게 된다.

그림 4-23 안방의 방문, 대창문

외부공간의 형태비

주택내에 형성되는 외부공간은 건물과 건물, 건물과 담장에 의하여 만들어지는 마당의 중심공간과 처마가 길게 나와 툇마루가 개방되어 있는 처마밑의 툇마루공간으로 설명된다. 이들 공간의 규모와 공간의 개방감, 폐쇄감, 환경조건 등을 결정하는 요소로 건물처마높이, 인동간격, 담장높이, 처마깊이, 지붕의 형태 및 물매 등을 들 수 있으며, 이러한 요소는 상호작용하여 공간의 질을 결정한다. 이와같은 수평적 요소의 대표값으로 인동간격은 전지역 평균 5.99m, 최빈치 6.0m이고, 전면건물높이에 몇 배를 확보하였는지를 표현하는 건물간 공간비로 전지역 평균 2.67배, 최빈치 2.5배로 충분한 인동간격을 유지하므로 마당은 밝고 일조를 받는데 전혀 문제가 없는 것으로 나타났다. 처마깊이는 전지역 평균 1.21m, 최빈치 1.20m이고, 처마높이는 평균 2.26m, 최빈치 2.10m이며 내륙지역은 평균 2.70m, 최빈치2.50m로 다른 지역에 비하여 높게 나타났다. 단 처마높이는 마당에서 처마끝까지의 높이로 하였으며 내륙지역은 해안지역보다 기단의 높이가 높기 때문에 처마높이가 다소 더 높게 나타난 것으로 볼 수 있다.

담장높이는 전지역 평균 1.52m, 최빈치1.60m이며 내륙지역은 평균 1.39m, 최빈치 1.60m, 임해지역은 평균 1.65m, 최빈치 1.70m로 강한 해풍을 막기 위한 조치로 볼 수 있다.

모든 건물이 모임지붕, 합각지붕, 박공지붕 등의 경사지붕의 형태이므로 지붕물매는 전지역 평균 4.16/10, 최빈치 4.70/10이고, 내륙지역은 평균 4.71/10, 최빈치 4.70/10, 임해지역은 평균 3.58/10, 최빈치 3.50/10으로 역시 강한 해풍의 영향으로 해안지역이 내륙지역에 비하여 지붕물매가 완만한 것으로 나타났다.

주거건축 특성

배치개념

대지의 중심이 되는 위치에 가장 높은 기단을 만들고 그 위에 안채(큰채)를 배치하며 안채의 전면이나 좌우측면에 아랫채, 부속사 등을 낮은 기단위에 세워서 용마루 높이가 안채 보다 낮게 하여 위계적 질서를 중요시 하였다. 대지의 주변에 독립된 건물을 배치함으로써 대지의 중앙은 마당이라는 외부공간이 형성하게 되고 주변의 건물은 마당을 향하여 개구부를 두어 개방시키고 그 반대방향은 폐쇄적인 벽면으로 이루어진다.

그림 4-24의 주택배치 개념도에서 A는 한국남부해안지역의 농어촌주택의 배치개념이다. 담장으로 둘러싸인 대지 내의 공간은 서로 유기체적인 공간을 형성하고 건물 내외부가 자유롭게 서로 소통하며, 一자형의 독립된 건물이 마당을 중심으로 첨가적으로 배치된다. 대지 내에서는 담장과 건물에 의해 둘러싸이므로 마당을 향해 개방되어 있고, 대지 외부에 대해서는 독립성이 요구되는 반폐쇄적인 배치형식으로 건물의 평면구성 면에서도 담장은 중요한 공간구성의 요소가 된다. 그러므로 담장이 없는 주택의 내부공간성은 공간의 상호보완적 응집력이 상실되고 외부로 노출된 현상으로 주택의 내부와 마당의 공

간형성을 감싸주지 못하는 공허감을 일으킨다. 그러나 담장의 높이가 지나치게 높아 위압감이나 폐쇄적인 공간을 형성하는 것은 아니며 담장의 높이는 해안지역에서 내륙지역으로 갈수록 처마보다 많이 낮아져 담장너머로 주택내외부공간이 상호 교류되며 담장 안의 활동이 어느 정도 감지될 수 있는 것이다.

주택배치 개념도에서 B는 대지의 중앙에 건물을 배치하고 생활공간을 건물내부에 수용하며 대지 내의 외부공간은 각 실에서 직접 연결되지 못하고 현관을 통해서 이루어지는 건물중심의 공간배치형식이다. 대지의 경계가 시각적으로 명확하게 구획되지 않고 개방된 서구주택의 배치형식으로 주택 내에서 생활내용은 건물 안에서만 이루어지며 외부에 노출되지 않는다. 이와 같이 A의 배치개념으로 토착화되어 온데에는 여러 가지 원인이 있겠지만 자연환경의 풍토조건이 외부공간에서의 생활이 가능한 점과 농어촌지역의 실생활내용이 낮 동안에는 주로 밖에서 이루어지므로 협소한 건물내부보다는 쾌적한 외부에서 활동을 하는데 편리하도록 유기적인 배치를 하였다고 본다. 건물의 배치방법도 일조권 확보를 위하여 일률적인 남향배치를 하지 않고 대지의 지형, 지세에 순응하고 바람에 의한 영향 등을 고려한 것으로 나타났다. 즉 안채의 좌향은 모든 방위에 걸쳐 분포되었으며 해안지역에서는 강한 해풍을 고려한 병열형배치가 많았고 내륙지역에서는 북풍, 북서풍을 고려한 직교형이 많이 분포되었다.

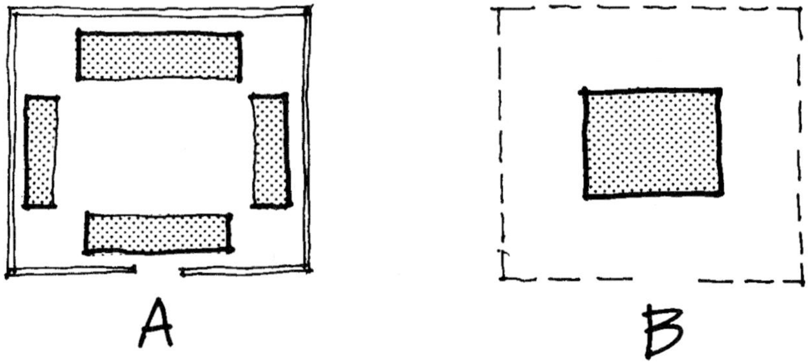

그림 4-24 주택배치 개념도

평면구성

안채는 홑집의 "단열單列一자형字型"으로 방, 부엌, 대청(안청), 툇마루로 구성하였고, 축사, 변소 등은 아랫채나 부속사에 별도로 배치하였다. 아랫채(사랑채)는 사용자의 기능분화에 의한 독립된 공간구성과 복합적인 기능을 만족시키기 위하여 겹집의 측면 2칸의 구조형식도 나타났다. 조사지역에 분포한 농어촌주택의 공간구성은 다음과 같이 크게 네가지영역으로 구분할 수 있다.(그림 4-24 참조)

- 주거공간(Ⅰ) : 주택의 가장 기본적인 주생활공간으로 안채를 중심으로 한 주거의 기능을 갖는 주거공간住居空間
- 마당중심공간(Ⅱ) : 건물 외부에서 마당을 중심으로 이루어지며 건물 내부의 기능과 외부공간의 중심이 되는 마당중심공간
- 복합공간(Ⅲ) : 아랫채를 중심으로 한 주거와 작업의 복합적인 기능을 갖는 복합공간複合空間
- 작업공간(Ⅳ) : 부속건물을 중심으로 하는 작업에 필요한 저장, 축사 등의 공간으로 구성되는 작업공간作業空間

이와 같은 네 개의 외부공간은 마당을 중심으로 유기적인 배치에 의하여 상호작용하며 계속적인 성장을 하면서 주택공간을 형성하고 있다.

건물내외부공간의 매듭이 될 수 있는 현관은 없으며 각 단위공간(방)의 동선은 직접 외부와 연결되거나 툇마루를 통하여 외부와 연결된다. 이러한 관점에서 현관이 있는 서구형의 도시주택의 평면구성과는 확연히 구별되고 있다. 현관과 복도의 역할을 하는 툇마루는 외부에 노출된 공간이면서 내부공간에서의 생활내용이 거의 이루어지는 중요한 매개체적 역할을 하는 완충적인 개방된 공간으로 편리하게 다목적으로 활용되고 있다.

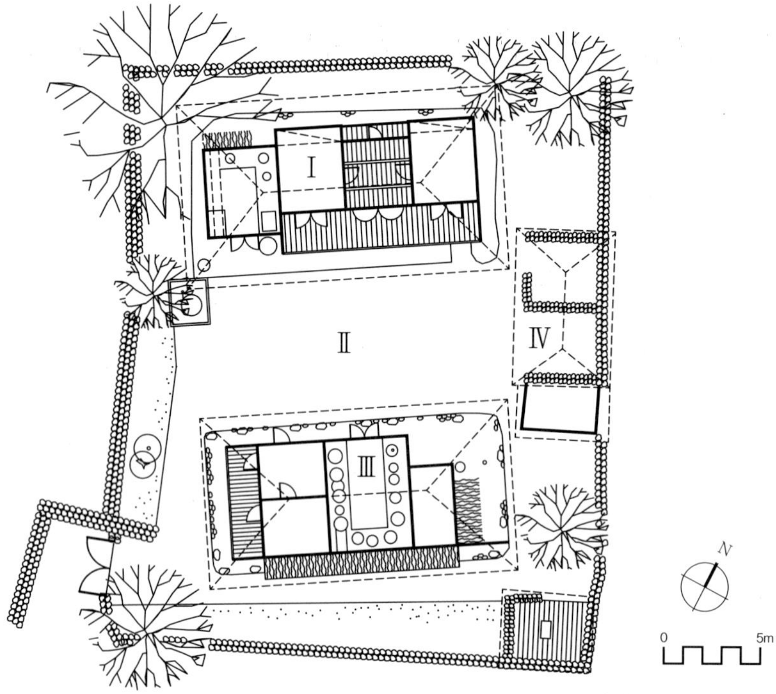

합천군 봉산면 김봉리

Ⅰ : 住居空間-안채, 住生活空間의 중심
Ⅱ : 마당중심공간-마당, 外部空間의 중심
Ⅲ : 複合空間-아랫채, 住居+作業
Ⅳ : 作業空間-부속사, 축사, 변소, 貯藏空間

그림 4-25 농어촌주택의 공간구성

외벽면 구성

외벽은 개구부와 벽면에 의하여 구성되며 건물의 전면벽은 마당을 향하여 배치되므로 각 단위공간(방)의 출입문이 직접 외기外氣에 면하여 전면벽前面壁에 위치하고, 외벽의 중요한 의장적 요소로 작용한다. 측면벽은 대부분 개구부가 없으며 후면벽에도 방안의 채광이나 환기를 위하여 작은 봉창이나 외여닫이문을 가끔 설치하며 문이 없는 경우가 많았다.

창과 문의 기능을 하고 있는 방문의 형식은 개폐형식을 기준으로 했을 때 외여닫이 문과 쌍여닫이문이 일반적인 형태이며 미닫이문, 쌍미닫이문, 미서기문도 일부 사용되고 있다. 창호구성에 의할 때는 여닫이 방식에 의한 띠살문이 농어촌주택의 전통적인 창호형식으로 나타났으며, 그 외에 미닫이 방식의 와자살문, 아亞자살문, 측면벽이나 토담집 등에 볼 수 있는 여닫이 방식의 빗살문, 미서기 방식의 복합형 등이 있다.

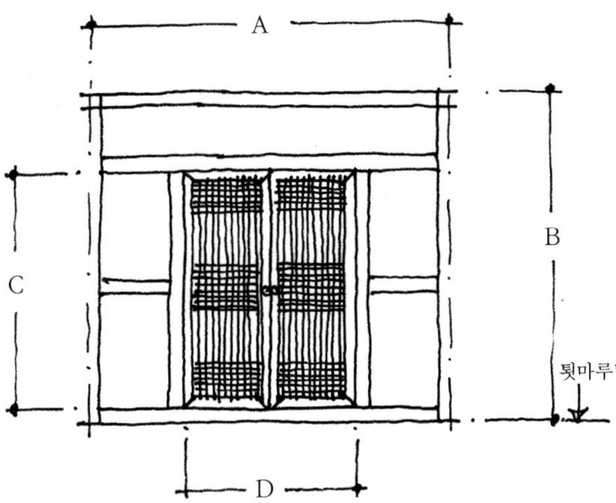

A : 방의 가로폭
평균 2470

B : 벽면높이
평균 2000

$D \leqq \frac{1}{2}A$

$KD_{23} = C/D = 1.28$

C=1468≒1470

D=1168≒1170

단위 : ㎜

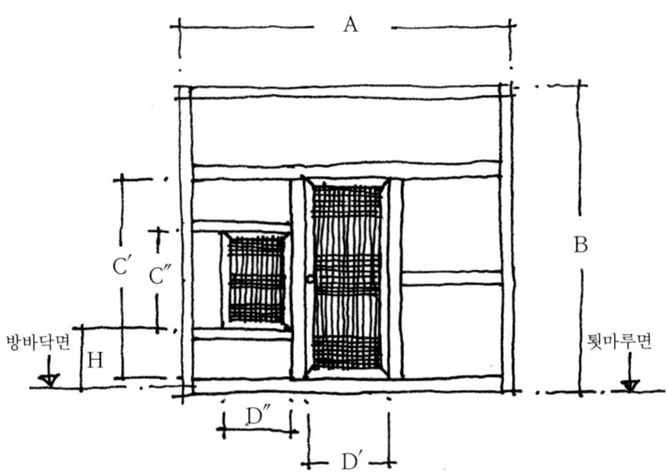

$D' > \frac{1}{2}D$

$C' < C$

$KD_{21} = C'/D' = 2.06$

C′=1352≒1350

D′= 659≒ 660

대창문 크기

	H	D″	C″
평균	417	438	522
최소	330	360	420
최대	490	520	610

그림 4-26 외벽면 구성-방문

그림 4-27 안채 외벽면 구성(경주시 교동 최준씨 집)

마루방으로 된 안청의 문은 안청이 대청의 기능보다도 저장공간으로 사용되므로 여닫이 방식의 판장문으로 되어 있으며, 부엌의 외벽구성은 여닫이 방식의 판장문을 달고 양면벽도 판장으로 하여 공기의 순환을 도와 부엌 아궁이에 불이 피도록 하였으며, 외벽의 상부는 많은 개구부를 두거나 살창을 설치하여 나무로 불을 땔 때 배기효과를 좋게 하였다.

부엌의 측면벽은 서측벽면일 경우가 많으며 여름철 오후의 복사열을 막기 위하여 두터운 토담벽을 벽 외부에 쌓아 올렸으며 그 윗부분은 멍석 등을 두는 공간으로 활용하였다.

마당에서 본 외벽면의 고유한 의장적 특성은 방문을 포함한 건물의 전면벽前面壁으로 구성형식은 그림 4-25와 같으며 규모면에서 차이가 있을 정도이고 거의 같은 패턴의 구성방법을 취하고 있다.

지붕형태와 경관특성

건축형태의 의장적 효과면에서 지붕과 벽면은 상대적인 관계를 가지며, 지붕이 강조될수록 상대적으로 벽면이 주는 의장적 효과는 약해진다. 지붕과 벽면이 접하는 부분의 개념도는 그림과 같이 표현될 수 있다.

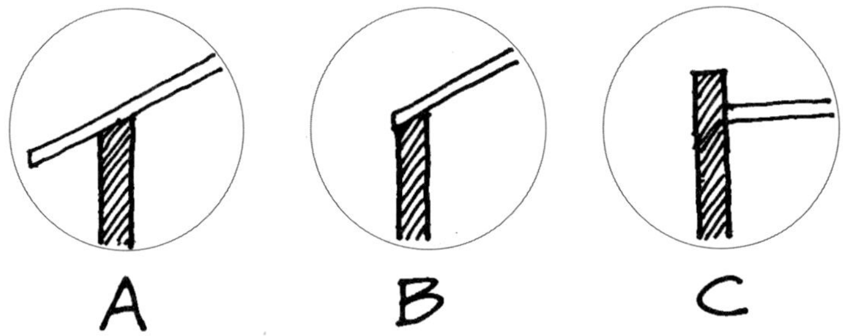

그림 4-28 지붕과 벽면의 관계

A는 고온다우지역高溫多雨地域에서 필연적인 건축형태이며, 의장적인 면에서 벽보다 지붕이 강조되고 기후조절방법으로도 지붕의 역할이 매우 크다. 한국 전통건축의 풍토적 형태는 A에 속한다. B는 지붕과 벽면이 거의 동등한 조건으로 맞물리는 것으로 지붕이 벽면보다 우위에 있더라도 처마가 거의 없는 결합방법으로 강우량이 많지 않은 저온다설지역低溫多雪地域에 서 햇빛을 많이 받아드리려는 목적으로 북유럽 등에서 나타나는 형태이다. C는 고온건조高溫乾燥한 지역에 나타나는 건축형태이며 A와 반대로 지붕은 보이지 않고 벽면이 강조되는 정면성正面性이 강한 형태로 처마나 차양이 없이 수직벽면으로 된 현대건축의 형태도 여기에 속한다.

목조건축은 지붕이 강조되며 지붕형태에 의하여 건물의 외관이 결정된다고 볼 수 있으며 지붕의 형식에 의하여 건물이 구분된다. 한국전통건축의 지붕형태는 맞배지붕(박공지붕), 우진각지붕(모임지붕), 팔작지붕(합각지붕)으로 크게 구분되며, 건물군建物群의 집합적 형태는 벽면이 주는 형태적 효과는 약하며 경관상으로 지붕이 중첩되어 나타나는 형태가 강조된다. 지붕의 처마선은 수평으로 개구부를 보호하므로 맞배지붕에서 측면의 박공면은 가능한 한 개구부를 두지 않으며, 만일 개구부가 있거나 벽면이 트인 바닥이 있을 경우 반드시 측면에 풍판風板을 달아 수평의 처마와 같은 기능을 하도록 하였다.(그림 4-28) 맞배지붕의 건물은 대부분 개구부가 없는 경우에도 풍판을 달아 벽면을 보호하고 있다.

안채나 아랫채의 지붕형태가 박공면이 정면으로 된 풍토건축형태는 전혀 없으며 초가에서 지붕개량을 할 경우 초가의 형태와 유사한 형태인 모임지붕으로 되었으며, 이러한 요소는 풍토적인 지붕형태로 토착화되었다. 모임지붕의 형태는 어느 방향에서 보더라도 형태적 변화가 적어 동일하게 지각되며 건물의 정면성이 강하게 나타나지 않는다. 건물의 전면벽면이 강조되고 정면성이 강한 도시주택이나 농촌지역의 도시화된 개량주택에 비하여 재래의 토속적인 지붕형태는 산山이 많은 주위경관에 조화되고 친화력이 강한 느낌을 주고 있다. 또한 항상 햇빛을 받는 지붕의 밝은 면陽과 대조적으로 처마에 의하여 깊게 들어간 벽면陰과의 상대적인 효과에 의하여 단순한 형태의 수평적인 밝은 면이 강조되므로 독립된 건물이나 이들 집합체인 전통마을의 모습은 주변과 조화된 자연스런 배치로 따뜻한 경관과 안정된 공간감을 형성하고 있다.

그러므로 토착성이 강한 주거건축형태의 풍토적 경관특성은 그림 4-29와 같이 음양이 교차되어 조화되는 지붕면陽, 처마밑 벽면陰, 담장陽의 세 부분으로 지각知覺되고 있다.

그림 4-29 풍판(경주 양동 관가정), (상)
그림 4-30 주거건축형태의 풍토적 경관(하)

참고문헌

김유혁, 풍토와 인간생활, 법경출판사, 1995

김준봉 외, 온돌 그 찬란한 구들문화, 청홍, 2008

백영흠 외, 한국 주거역사와 문화, 기문당, 2003

박윤성, 건축계획원론, 문운당, 1995

신영훈, 한국의 살림집(상), 열화당, 1983

윤원태, 한국의 전통 초가, 도서출판 재원, 2004

이상정, 한국남부해안지역의 지역성에 적응하는 주거건축의 적정계획에 관한 연구, 고려대 박사학위논문, 1988

이상정, 경남지역 전통농촌주택의 공간구성에 관한 연구, 대한건축학회논문집, 4(1), 1988

이상정, 도서해안지역 어촌주거형태에 관한 연구, 대한건축학회논문집, 3(4), 1987

이상정, 어촌주거형태에 관한 연구, 건축, 26(107), 1982

주남철, 한국건축의장, 일지사, 2011

주남철, 한국주택건축, 일지사, 2010

주남철, 한국의 문과 창호, 대원사, 2003

한국농촌건축학회, 일본 농촌과 건축, 금성그래픽, 2010

木村建一, 氣候と民家構造, IBEC, 1985

青木志郎, 民家集落の建築類型学的 研究, 住宅建築研究所報, 1982

Amos Rapoport, House Form and Culture, N. J. : Prentice-Hall, 1969

Bernard Rudofsky, Architecture without Architects, New York : Doubleday, 1964

Geoffrey Payne, The Miri Longhouse in Assam, Process: Architecture, No. 15, 1980. 5

G.Z. Brown, Sun, Wind and Light, New Yok : Wiley, 1985

Gideon S. Golany, Design for Arid Regions, N.Y. : VNR, 1983

주(註)

1. Amos Rapoport, House Form and Culture, Prentice-Hall, 1969, P. 89
1. 木村建一, 氣候と民家構造, IBEC, 1985, P. 11
3. Gideon S. Golany, Design for Arid Regions, VNR, 1983, P. 135
4. G. Z. Brown, Sun, Wind and Light, Wiley, 1985, P. 82
5. Gideon S. Golany, op. cit., P. 126
6. Ibid., P. 128
7. 青木志郎, 民家集落の建築類型学的 研究, 住宅建築研究所報, 1982, PP. 329-337
8. Ibid., PP. 329-337
9. Amos Rapoport, op. cit., P. 93
10. Geoffrey Payne, The Miri Longhouse in Assam, Process: Architecture, No. 15, 1980, 5., PP. 69
11. G. Z. Brown, op. cit., P. 109
12. 신영훈, 한국의 살림집(상), 열화당, 1983, P. 186
13. Gideon S. Golany, op. cit., P. 93
14. G. Z. Brown, op. cit., P. 76
15. 김준봉외, 온돌 그 찬란한 구들문화, 청홍, 2008, PP. 122-127
16. Ibid., P. 83
17. Ibid., P. 125
18. Ibid., PP. 125-126
19. Ibid., P. 127
20. 이상정, 한국남부해안지역의 지역성에 적응하는 주거건축의 적정계획에 관한 연구, 고려대 박사학위 논문, 1988, PP. 54-157

표·그림 목차

본문 사진자료 제공

김승근, 124쪽~129쪽, 그림 3-63, 그림 3-69, 그림 3-70, 그림 3-71, 그림 3-72.

김종길, 46쪽~64쪽, 그림 2-12, 그림 2-14, 그림 2-16, 그림 2-17, 그림 2-18, 그림 2-19, 그림 2-20, 그림 2-22, 그림 3-3(하).

경북 성주군 문화체육과 이명희, 77쪽, 그림 3-14.

대구광역시 문화재관리계 김성윤, 81쪽, 그림 3-19.

전남 강진군 문화관광팀 양철훈, 80쪽, 그림 3-17.

전남 담양군 문화체육과 윤재득, 81쪽, 그림 3-18.

전남 신안군 문화관광과, 정항원, 86쪽~87쪽, 그림 3-24, 그림 3-25.

전남 영암군 문화관광과, 송태갑, 87쪽, 그림 3-26.

전남 완도군 문화체육과, 서을식, 83쪽, 그림 3-20.

전북 무주군 문화관광과, 김진만, 79쪽, 그림 3-15.

전북 익산시 문화관광과, 이종일, 79쪽, 그림 3-16.

충남 부여군 고도문화사업소, 박종남, 83쪽, 그림 3-21.

저자약력 | 이상정

• 고려대학교 건축공학과, 공학사
• 고려대학교 대학원, 공학석사, 공학박사(건축계획)
• 경상대학교 건축학과 교수, 명예교수(현재)
• 대통령소속 국가건축정책위원회 위원장(현재)

한국 풍토건축의 멋

초판 인쇄 • 2011년 11월 28일
초판 발행 • 2011년 12월 05일

지은이 • 이상정
펴낸이 • 하우송
펴낸곳 • 경상대학교출판부
주소 • 경남 진주시 진주대로 501
전화 • 055) 772-0801, 0800
FAX • 055) 772-0809
E-mail • gspress@gnu.ac.kr
홈페이지 • http://gspress.ac.kr
등록 • 1989년 1월 7일 제16호

ISBN 978-89-6257-052-6 03540

값 : 13,000원